武汉市大东湖核心区污水深层传输系统运营管控要点

中建三局绿色产业投资有限公司
中建三局水务环保有限公司　编著

中国环境出版集团·北京

图书在版编目（CIP）数据

武汉市大东湖核心区污水深层传输系统运营管控要点 / 中建三局绿色产业投资有限公司，中建三局水务环保有限公司编著. -- 北京 ：中国环境出版集团，2024. 7.
ISBN 978-7-5111-5919-9

Ⅰ. X703

中国国家版本馆CIP数据核字第2024EQ6533号

责任编辑 殷玉婷
封面设计 宋　瑞

出版发行 中国环境出版集团
（100062　北京市东城区广渠门内大街 16 号）
网　　址：http://www.cesp.com.cn
电子邮箱：bjgl@cesp.com.cn
联系电话：010-67112765（编辑管理部）
发行热线：010-67125803，010-67113405（传真）

印　　刷 北京中科印刷有限公司
经　　销 各地新华书店
版　　次 2024 年 7 月第 1 版
印　　次 2024 年 7 月第 1 次印刷
开　　本 787×960　1/16
印　　张 14
字　　数 240 千字
定　　价 98.00 元

编委会

编写组

主　编　刘　畅

副主编　阮　超　郭　彪　黄　凯　汤丁丁

参　编　王小虎　熊　珍　周　毅　曾　磊　吴明明　曾利华　廉文杰　王建华　赵　皇　周　艳　陈燕平

前言

早在 19 世纪，随着技术不断发展并趋于成熟，深层排水隧道已在国外很多城市（如东京、悉尼、芝加哥、巴黎等）获得成功应用，其功能主要包括提高防洪排涝标准、控制面源污染、污水输送等。近年来，中国大陆（不包括香港、澳门特别行政区和台湾省）开始了城市深层排水隧道工程的研究和应用工作。广州市率先完成了深层排水隧道系统规划，2018 年东濠涌深隧试验段（主隧全长 1.7 km）正式贯通。2019 年，上海市完成了苏州河区域深层排水调蓄隧道工程规划（一级隧道全长 15.3 km，二级、三级隧道全长 37.5 km），试验段目前正在施工。深圳市为解决前海湾地区水污染问题，2019 年 5 月，开工建设前海-南山排水深隧系统工程（主隧全长 3.7 km）。武汉市为改善大东湖核心区生态环境，优化城市污水处理设施布局，提升大东湖核心区城市功能，于 2014 年 8 月正式批准启动大东湖核心区污水深层传输系统工程建设（主隧全长 17.5 km，支隧长 1.7 km）。项目由中建三局绿色产业投资有限公司主导建设和运营，于 2017 年开工建设，

2020年12月31日正式投产运行。截至2024年6月30日，已累计输送污水7.5亿t。

本书基于武汉市大东湖核心区污水深层传输系统工程近3年的成功运营经验，围绕运营管理体系建设、工艺设施运维要点、运维安全要点、运营数字化和数字化运营等方面，针对污水深隧系统的工艺特点和运行特性，系统全面地总结污水传输深隧项目的运营过程管控要点，并形成典型城市深层排水隧道项目运行管理经验成果，供相关从业人员参考。

本书在编写过程中参阅了大量的文献资料，我们再次对这些资料的作者表示感谢。书中难免存在疏漏和不足之处，敬请读者批评指正。

目录

第 1 章　项目简介 / 1

1.1　深隧功能及运行原理 / 2
1.2　深隧发展现状及趋势 / 6
1.3　项目运营内容及要点 / 11

第 2 章　运营管理体系建设 / 17

2.1　运营管理理念 / 18
2.2　运营管理架构 / 19
2.3　制度体系建设 / 33

第 3 章　工艺设施运维要点 / 49

3.1　污水预处理站 / 50
3.2　排水隧道及竖井 / 98
3.3　综合调度 / 115

第4章　运维安全要点 / 123

4.1　现场风险识别与隐患排查 / 124
4.2　特种作业管理 / 132
4.3　安全应急预案 / 148

第5章　运营数字化与数字化运营 / 153

5.1　智慧运营系统建设 / 154
5.2　数字化运营系统应用 / 195
5.3　数字化运营成效 / 207

第6章　结　语 / 209

6.1　运营管控特点 / 210
6.2　运营业绩亮点 / 212
6.3　项目获奖情况 / 214

参考文献 / 216

第1章
项目简介

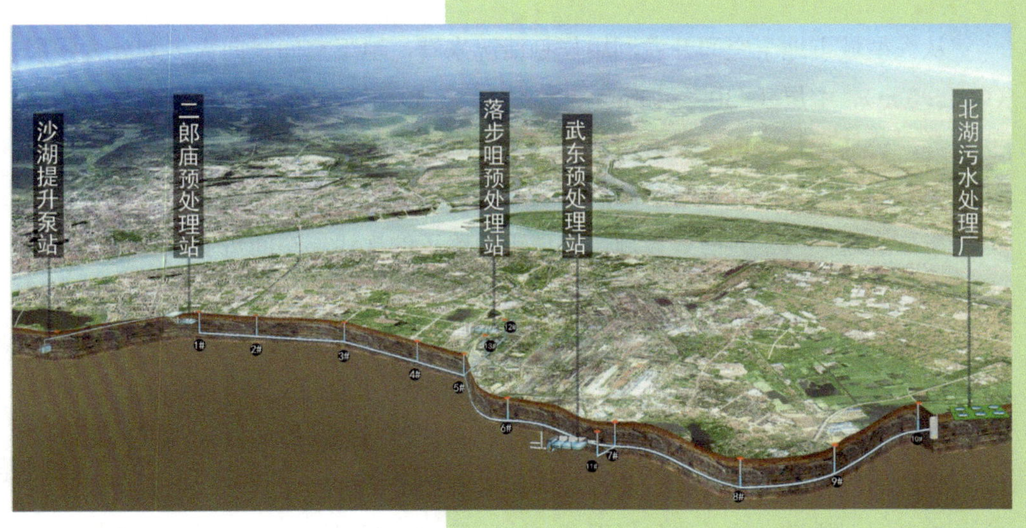

沙湖提升泵站
二郎庙预处理站
落步咀预处理站
武东预处理站
北湖污水处理厂
1#
2#
3#
4#
5#
6#
7#
8#
9#
10#
11#
12#
13#

1.1 深隧功能及运行原理

随着我国城市建设的高速发展，党和国家日益关注城市污水治理问题。近几年，我国出台了系列相关政策、法规及技术指南等，要求以“海绵城市建设”为目标，通过切实有效的工程措施和非工程措施妥善解决当前突出的城市污水管理问题。《室外排水设计标准》（GB 50014—2021）对城市污水系统的设计标准提出了更高的要求，基本与发达国家类似城市相当。由于我国城市建成区建设密度高、地表硬化率高、地下管线众多、轨道交通网络纵横交错等特点，采用全面翻排污水管道来提高城市建成区污水系统设计标准的方案，技术经济性差、实施难度大，近年来全国各地的工程实践也验证了这一点。通过借鉴发达国家城市治理的成熟经验，业内普遍认为城市污水深层传输系统（简称深隧）是解决当前中国大陆城市污水治理难点的有效途径之一。

1.1.1 深隧功能及分类

从大型城市地下空间开发利用规划情况来看，地下空间竖向大多划分为浅层（−15～0 m）、中层（−30～−15 m）和深层（≤−30 m）。浅层空间：主要规划为商业服务、公共步行通道、交通集散、停车、人防等设施，在城市道路下的浅层空间优先安排市政管线、综合管廊、轨道、人行通道等设施。中层空间：主要规划为停车、交通集散、人防等设施，在城市道路下的次浅层空间可安排轨道、地下道路、地下物流等设施。深层空间：主要布置公用设施干线、轨道交通线路和特种工程等设施。

城市污水深层排水隧道一般指埋设深度较大（一般超过地下 40 m）、管径较大的城镇排水调蓄隧道。其主要的工程目的是解决城市出现的排水问题，如合流制系统的雨天溢流污染问题、超标准降雨带来的城市内涝问题等，也有用于污水输送的专用型隧道。按功能目标区分，这些已建的深层排水调蓄隧道主要分为防洪排涝型隧道、污染控制型隧道、功能复合型隧道 3 种类型。

1.1.1.1 防洪排涝型隧道

根据服务对象不同，防洪排涝型隧道可分为排涝隧道和泄洪隧道。排涝隧道主要收集、调蓄超过本区域现有排水系统排水能力的雨水径流（超标雨水产生的径流），以达到降低区域内涝风险的目的；泄洪隧道主要分流上游区域洪水并排放至下游水体，减少城市的洪涝灾害。典型的如中国香港雨水排放隧道、日本东京外围排放隧道以及美国沃勒河排洪隧道等。

1.1.1.2 污染控制型隧道

污染控制型隧道有污水输送隧道及溢流污染控制隧道两种类型。其中污水输送隧道是一种埋深较大的污水输送干管，仅具有污水输送功能，如新加坡 DTSS 一期工程及二期工程。工程应用较多的溢流污染控制隧道主要服务于老城区合流制区域，用于收集并存储降雨过程中合流制区域超过截流能力的溢流污水，或部分新建区分流制系统的初期雨水，雨停后将其输送至污水处理厂，处理后排放。典型的如英国 LEE 隧道、泰晤士河 Tideway 隧道，澳大利亚悉尼 Northside Storage 隧道，美国 Atlanta West Area 合流制溢流污染控制隧道等。

1.1.1.3 功能复合型隧道

功能复合型隧道通过合理的工程设计和运行管理，兼具防洪排涝、溢流污染控制、城市交通等复合功能。典型的工程案例如美国芝加哥 TARP 项目，除控制合流制溢流污染外，还兼顾城市的内涝防治。马来西亚吉隆坡的 SMART 隧道则将高速公路隧道与泄洪隧道叠加设计，实现了泄洪排涝与城市交通功能相结合。中国大陆试点建设的广州东濠涌隧道、上海苏州河深层调蓄管道工程、武汉大东湖深隧输水工程也是兼顾溢流污染控制和城市内涝防治功能的复合型隧道。

在上述 3 种类型的深层排水调蓄隧道中，功能复合型隧道的工程案例最多，且大部分用于解决城市雨水带来的问题。虽然中国大陆多座城市相继开展相关研究或工程试点建设，但总体来说，深层排水调蓄隧道的工程应用在中国大陆还处于起步阶段。

1.1.2 深隧结构组成

深隧系统建成后，将与现有的浅层排水系统耦合构成城市立体式排水系统，共同承担城市排水任务，其运行方式因功能不同而略有差异。以合流制溢流污染控制型为例，其典型的运行方式为“先截、后蓄、再排空”（图 1.1）。即：① 降雨初期雨量较小时，充分利用合流制系统现状截流能力，将截流能力以内的合流污水送至污水处理厂进行处理。② 随着降雨过程的继续，为避免对河道水环境造成冲击，超过现有系统截流能力的合流污水通过截流井进入深层调蓄隧道蓄存，直到深层调蓄隧道蓄满后再开启现有合流制系统的入河排放模式。③ 降雨结束后，利用下游污水总（干）管空余能力将深层调蓄隧道蓄存的合流污水排至污水处理厂进行处理，隧道排空后为下一次运行做好准备。

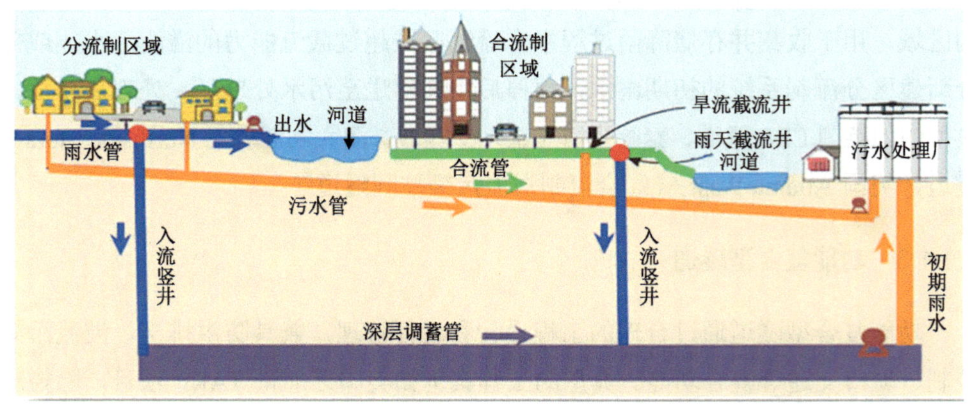

图 1.1 深隧系统原理

表 1.1 深层排水调蓄隧道系统的主要组成部分及功能

序号	主要组成部分	主要功能
1	截流井与入流管	用于将现有浅层排水系统的合流污水、初期雨水或超标雨水分流至深层排水调蓄隧道系统
2	预处理设施	根据深层排水调蓄隧道系统的功能目标，需要采取相应的预处理措施，如格栅、沉砂等处理单元，用于去除大的杂质，减少调蓄管淤积

序号	主要组成部分	主要功能
3	入流竖井	用于将截流的合流污水、初期雨水或超标雨水转输送至深层排水调蓄隧道内，并进行消能
4	深层调蓄隧道	储存并输送合流污水、初期雨水或超标雨水
5	末端超深泵站	将调蓄管内存储的合流污水、初期雨水或超标雨水排空
6	调压井	平衡调蓄隧道系统的气压，排出隧道内的气体

1.1.3 深隧运行原理

深层排水调蓄隧道系统作为现有浅层排水系统功能的补充和提升，其主要目的是解决溢流污染控制和内涝防治等城市排水问题，主要体现在“截、除、消、排”4 个方面。

① 截：主要指系统的截流点和截流方式选择。根据不同的功能目标，深隧系统和现有浅层系统截流点有所差异，截流方式也不同。以控制溢流污染为目的的深隧系统，通常在现有浅层系统末端设置接入点，将超过系统截流能力的初期雨水截流进入深隧系统即可，一般采用“堰、闸”相结合的截流方式；而以防洪排涝为目的的深隧系统，则需在现有浅层系统的中前段部分设置截流点，将超标雨水接入深隧系统，通常采用闸门控制的方式即可；如果二者均需兼顾，或者排水系统实际运行水位高于设计水位，则截流点及截流方式更加复杂，需要通过计算机水力模型进行模拟分析与验证。

② 除：截流进入深隧系统的水是否需要进行除渣、除砂也是值得研究的问题。从已建工程案例分析，并没有明确的预处理原则和方式。例如，美国芝加哥隧道和水库工程计划（TARP）采用“直接跌水”的方式，将现有浅层排水系统的超标雨水或溢流污水引入深隧系统；中国香港的雨水排水隧道采用“格栅”的预处理方式；中国广州东濠涌深隧试点工程和武汉大东湖深隧输水工程则采用“格栅+沉砂”的预处理方式。是否需要采用除渣、除砂等预处理工艺，应结合工程目标、现状排水系统水质水量特点及深层隧道调蓄系统运行控制策略等综合比较分析确定。此外，受系统截流水量变化幅度、埋设深度、用地限制及运行管理需求等因素影响，常规的格栅除污机和沉砂池是否适用有待商榷。因此，深层排水调蓄系

统的前置预处理工艺及其设备选型需要深入研究。

③ 消：深隧系统的“消”涉及入流竖井的消能及消声。由于深层隧道埋深较大，竖井入流过程中的消能问题和较大落差产生的噪声问题应受到高度重视，处理不当将会影响工程的结构安全和正常运行。另外，因入流竖井一般设置在城市建成区内，如何减小竖井入流过程中产生的噪声影响需要认真研究。

④ 排：深隧系统的“排”涉及“气、水、泥”3个方面，主要指“系统排气”、“隧道排空”及“底泥清淤”。其中，系统排气是关系到系统能否正常运行的关键因素，在多座竖井入流条件下，若隧道内气体无法及时排出，则会产生较大危害。隧道排空时间需要根据下游排水系统的接纳能力确定，若排空时间较长，不仅影响系统工程效益的发挥，隧道内也会因存储的溢流污水或雨水厌氧产生臭气，带来新的环境问题；若排空时间较短，则下游系统的负担显著增加。此外，由于埋深较大，系统末端一般需设置提升泵站。提升水泵具有流量小、扬程超高、转速高等特点。目前，武汉市政领域常用的水泵不能满足要求，对水泵等设备的选型需要广泛调研与深入研究。隧道排空后，其底泥清淤也需要结合前置预处理、分段冲洗措施及机械检修等手段综合考虑，否则会影响调蓄容积的高效利用。

1.2 深隧发展现状及趋势

1.2.1 国外深隧系统应用现状

深隧排水系统可避免大量征地和拆迁，并合理利用城市30～60 m的深层地下空间，成为改善城市排水能力的重要手段之一。国外在深隧排水系统的设计、建设和运行等方面都有较为成熟的经验，经过几十年累计投资与建设，城市深隧系统建设规模与运行调度均优于中国大陆，典型代表包括英国伦敦、美国芝加哥、日本东京、墨西哥城、澳大利亚悉尼、法国巴黎、新加坡等（表1.2）。

表 1.2　国外典型城市深隧系统

序号	所在城市	工程名称	工程规模	深隧类型	主要功能
1	英国伦敦	伦敦深层隧道工程	隧道总长 35 km，直径 6.5～7.2 m，埋深 35～75 m	功能复合型	缓解内涝和控制水体污染
2	美国芝加哥	芝加哥隧道和水库工程计划（TARP）	工程分为两个阶段建设：第一阶段建设总长约 176 km、管径 2.4～10 m 的隧道，可提供 8.7 万 m^3 的调蓄容量；第二阶段建设 3 个大型水库，比第一阶段增加 530 万 m^3 的调蓄容量	功能复合型	缓解内涝和控制水体污染
3	日本东京	江户川深层排水隧道	总长 6.3 km、内径 10 m 的地下管道，5 处直径 30 m、深 60 m 的竖井，以及 1 处人造地下水库，水库长 177 m、宽 77 m、高约 20 m，调蓄容量 67 万 m^3	防洪排涝型	缓解内涝
4	墨西哥城	墨西哥城深层隧道排水系统	一期工程由中央隧道和截水隧道两部分组成，全部敷设在地表 30 m 以下，直径 6.5 m、长 50 km，过流能力为 220 m^3/s；二期工程长 63 km、直径 7 m、埋设深度超过 200 m，排水能力为 150 m^3/s	防洪排涝型	缓解内涝
5	澳大利亚悉尼	悉尼北部污水储存隧道	工程全长 16 km、埋深海平面下 40～100 m、直径 3.8～6.6 m，隧道能提供近 50 万 m^3 的调蓄容量	污染控制型	控制水体污染
6	法国巴黎	巴黎调蓄隧道和调蓄池	共 4 条深层隧道和 8 座调蓄池，直径 6～7 m，长约 5.1 km，系统总储水量为 90×10^4 m^3	功能复合型	调蓄削峰，缓解内涝和意外污染影响
7	新加坡	深隧道阴沟系统	长 48 km、深 20～70 m	污染控制型	污水输送

1.2.2 我国深隧系统应用现状

现阶段，我国城市建设尤其是地下排水设施建设仍处于起步阶段，与发达国家城市相比仍有较大差距。目前，结合国家城市建设及环境治理要求，我国的深隧发展逐步形成了自身的特点，主要体现在深隧排水系统是对浅层排水系统的补充和提升，能提高排水区域的防涝等级。但是，我国目前在建的深隧排水系统的储存容量有限，在满足缓解内涝的同时，还需尽可能地储存合流污水，故需考虑与浅层排水系统配合调度运行，从而充分发挥深隧排水系统缓解内涝和削减溢流污染的作用（表 1.3）。国外深隧系统如东京江户川深层排水隧道利用分流制的排水方式，优先使雨水归流到河道或海域，充分利用河道的排涝能力，超出河道和浅层管网的负荷时，再通过深隧排水系统对洪峰进行调蓄。

表 1.3 我国典型城市深隧系统

序号	所在城市	工程名称	工程规模	深隧类型	主要功能
1	香港	香港净化海港计划（HATS）	隧道长 23.6 km，平均埋深 100 m	污染控制型	污水输送
2	广州	东濠涌深隧排水工程试验段	工程主隧长 1.7 km、外径 6 m，支隧长约 1.39 km、外径 3 m，隧道埋深 30～40 m，服务面积 12.4 km^2，可提供 6.3 万 m^3 的调蓄库容	功能复合型	缓解内涝和控制水体污染
3	深圳	前海—南山排水深隧系统工程	隧道工程全长约 4.1 km，隧道直径 6.2 m（外径约 6.9 m），设计规模约 110 m^3/s，隧道埋深地下 30～40 m，服务面积 11.21 km^2	功能复合型	缓解内涝和控制水体污染
4	武汉	武汉大东湖核心区污水深层传输系统工程	污水主隧直径 3～3.4 m、总长约 17.5 km；2 条直径 1.5 m 支隧，长约 1.7 km。污水隧道埋深达 29.93～42 m，服务面积 130.35 km^2	功能复合型	缓解内涝和控制水体污染

序号	所在城市	工程名称	工程规模	深隧类型	主要功能
5	上海	虹口港—走马塘段深层排水调蓄隧道系统工程	一级调蓄隧道全长 31.5 km、管径 8 m、埋深 30～60 m；二级输送管道全长 28.5 km、管径 4 m、埋深 15～25 m；三级收集管道全长 23.9 km、管径 3 m、埋深 10～15 m。调蓄规模 98 万 m^3，服务面积 83.25 km^2	功能复合型	缓解内涝和控制水体污染

1.2.3　深隧系统发展趋势

由于深隧从功能定位上具有合流排蓄、雨洪排放及污水输送等方面的作用，因此，在城市内涝防治和污水治理方面，深隧系统均有较好的应用及发展前景。

在城市内涝治理方面，自古以来，城市依水而建、缘水而兴。但河流在给城市发展提供必需的宝贵水资源时，也威胁着城市运营安全。除春夏之交河流水位高涨带来的防洪问题外，城区内涝问题也越来越成为城市夏季暴雨后的梦魇。

在城市污水治理方面，我国正处于持续推进“美丽中国”建设的关键期，资源环境承载力已经达到或者接近上限，中国水资源结构性短缺的问题依然突出。“十四五”期间，国家提出深入打好污染防治攻坚战，推动水、大气和土壤等多个领域贯彻落实绿色发展理念，协同推动经济高质量发展和生态环境高水平保护，充分发挥生态环境保护对产业结构优化升级和发展方式绿色转型的倒逼作用，这将为水务环保带来巨大的市场空间。《中华人民共和国国民经济和社会发展第十四个五年规划和 2035 年远景目标纲要》提出将继续加大投入，持续改善环境质量，在水体达标、黑臭治理、管网建设、污水处置、水系连通、防洪减灾等方面均提出具体目标；同时提出开展农村人居环境整治提升行动，重点涉及农村生活垃圾、黑臭水体、农村厕所革命、生活污水和水系综合整治等方面。

近年来，以低影响开发为主题的海绵城市建设如火如荼，部分专家学者对其解决城市内涝问题寄予厚望。但按照《海绵城市建设技术指南——低影响开发雨水系统构建（试行）》，海绵城市建设试点的核心考核指标是径流总量控制率（实质为降水总量控制率)，对于全国不同地区，根据降雨多少采用 70%～85%的相应标准，而这个标准远小于造成城市内涝的场次降水量。因此，海绵城市建设的设计标准并不能应对暴雨威胁，2016 年多个海绵城市试点城市发生内涝就是实例。

实际上，海绵城市对解决“黑臭水体”问题非常有效，其减缓内涝、加强雨水利用的功能是次要的。深隧系统虽然工程费用相对较高，但免于大面积征地拆迁和移民安置，在达到同样效果时，其综合运行费用可能优于单纯的浅层排水系统改善方案，性价比更高。以广州东濠涌深隧为例，前期分析研究表明，相对于浅层排水方案，深层隧道方案工程总投资不到前者的 1/2。而且，深层排水系统征地拆迁量较小，基本不受城市已开发空间限制，运行时基本不影响城市正常运营，决策后即可开工建设；还可根据城市发展增设进水口甚至增设新的排涝隧洞系统，及时满足城市持续发展需要。汛期遭遇特大暴雨时，通过浅层排水系统汇集雨洪及时入隧启泵排出，平时也可作为地下水库，满足城市部分用水需求；由于启闭方便，避免了其他排水工程重排轻滞的不足，为城市运营保留了必要的水资源。

结合深隧系统的作用与实际运用需求，中国大陆对于深隧系统的建设和运营应逐步加强和完善以下几方面工作：

① 坚持雨污分流。暴雨形成的雨洪和污水体量差别较大，水质差别更大。雨水进入深隧后，可以直接排入城外河道；也可以经过自然沉淀，作为景观用水，提高地表水的使用效益。污水需经过专门的污水管网，通过污水处理厂处理，实现污水再生利用。雨污分流后，各工程功能更加明确、调度更加清晰，既能加快污水收集、提高污水处理率，又能避免污水对河道、地下水的污染，综合效益得以体现。

② 详细考虑浅层排水系统和深隧排水系统的整体衔接。深隧排水系统是对浅层排水系统的补充和提升，两者一起构成城市立体排涝网络，以此提高排水区域的防涝等级。深隧布设在地下，需要考虑进水口与浅层原有排水系统（管网、河网等）的衔接，形成有利的汇水条件，否则深隧建成后不能充分发挥排涝作用，产生浪费。

③ 深隧排水设计规模应有一定的前瞻性，并重视深隧的结构设计。深隧工程建设难度较大、投资较高，受城市发展格局限制，进出口和线路选择并不多，因此规划设计时应对排水规模有一定的前瞻性。深隧位于城市地下空间的最底层，

运行维护较为困难，因此在规划设计之初，应高度重视深隧的结构设计、耐久性设计，在生命周期内宜按免检修设计。同时，应特别重视对地下水的隔离保护，防止雨水污染地下水，并采取必要的工程措施。

④ 加强工程运营管理。深隧工程主要用于汛期暴雨情况下应急排水或城市污水大流量、长距离传输，因应急属性及功能需求性高，对深隧系统运行调度、设备设施维护等日常运营管理工作提出了较高的要求。因此，需制定针对性的工程运行管理措施，加强设备日常保养和汛期灾害演练，做到随用即用、调度顺利、保障得力。

1.3 项目运营内容及要点

由于城市污水深隧处于发展起步阶段，目前中国大陆关于深隧运营管理方面尚无成熟经验可以借鉴，还未形成科学完善并适合深隧运营特点的管控体系。本书依托武汉大东湖核心区污水深层传输系统工程（以下简称武汉大东湖深隧项目），以深隧项目安全、稳定、高效运行履约为导向，结合深隧项目运营的技术难点、区域特点、安全特性和调度属性，全面深入地从项目建设运营交接把关、运营制度体系建设、运行技术要点管控和运营数字化等维度对深隧项目的运营管控要点进行了阐述，搭建了深隧项目的运营管控体系。

1.3.1 项目背景介绍

武汉大东湖深隧项目是武汉市践行长江大保护的标杆工程、推进“四水共治”的排头工程、建设水生态文明的示范工程，旨在为武昌片区打造排水收集及传输主动脉。项目经过 4 年系统论证，充分考虑了污水给中心化带来的邻避效应、提标用地局限、城市内涝压力大、初雨治理任务重等问题，利用深隧智慧运营管理系统，合理调度雨、污水，将有效解决区域雨洪调蓄、污水传输、初雨污染等问题，提升城市环境品质。

该项目跨越 3 个行政区和 1 个功能区（武昌区、洪山区、青山区和东湖生态旅游风景区），包含地表完善系统和地下污水深隧系统。项目内容包括：① 污水深隧系统：二郎庙预处理站至北湖污水处理厂约 17.5 km 污水主隧工程；落步嘴预处理站至三环线约 1.7 km 支隧工程。② 地表完善系统：沙湖提升泵站、二郎庙预处理站、落步嘴预处理站、武东预处理站及配套管网。项目运营期间主要是将中心城区的污水传输至新建北湖污水处理厂集中处理，有效保护城市中心湖泊和港渠，提升大东湖核心区水环境水质。政府概算总投资 30.29 亿元，设计规模为 80 万 t/d，远期为 150 万 t/d，服务 130 km^2 的城市区域，服务人口可达 300 万人。项目于 2020 年 8 月 31 日通水调试，2020 年 12 月 31 日正式进入商业运营。武汉大东湖深隧项目示意图见图 1.2。

图 1.2 武汉大东湖深隧项目示意图

1.3.2 项目运营内容

武汉大东湖深隧项目运营内容包括预处理系统（二郎庙预处理站、武东预处理站、落步嘴预处理站）的维护、提升泵站系统的维护、隧道系统的维护及项目综合运行调度四大部分内容，涉及各部分水电的供配、设备设施的管理维护、进水水质的监测、栅渣的处理及综合信息化调度管理等，具体运营管控事项如下。

1.3.2.1 预处理系统的维护

（1）进水水质监管

排水隧道运行期间，需对各个预处理站中的水体水质进行在线监管，主要监测项目包括酸碱度（pH）、悬浮物（SS）、总磷（TP）、化学需氧量（COD）和氨氮（NH_3-N）等。

（2）水量及水位监管

通过超声波液位计严格控制和在线监管进水水位，计量井检测进入深隧入流竖井流量。雨季超过设计水位和水量要及时溢流。

（3）栅渣清除

栅渣清除主要可以利用视频影像来进行监控，并安排管理人员巡视，定期用运输车运送至市政部门指定的处置场所。

（4）设备设施维护

预处理站各类建（构）筑物、机电设备、道路、绿化、办公区域及公共设施的巡查、维护及更新。

1.3.2.2　提升泵站系统的维护

（1）水量及水位监管

通过超声波液位计严格控制和在线监管进水水位，计量井监测进入深隧入流竖井流量。雨季超过设计水位和水量要及时溢流。

（2）设备设施维护

提升泵站各类建（构）筑物、机电设备、道路、绿化、办公区域及公共设施的巡查、维护及更新。

1.3.2.3　隧道系统的维护

（1）隧道设备设施维护

根据管理维护需要，在隧道入流竖井处设置监控摄像头设备、水位探测设备。根据监控系统各部分设备的使用说明，每月检测其各项技术参数及监控系统传输线路质量，处理故障隐患，确保各部分设备各项功能良好，能正常运行。同时对竖井、深隧的结构健康及机电设备进行巡查、维护及更新。

（2）隧道系统冲洗清淤

控制最小流速不低于 0.65 m/s，确保不发生沉积。如发生水位变化或水量异常，通过沙湖港和严西湖补偿水量，以保证冲刷流速达到 1.2 m/s，直至水位恢复正常。

（3）隧道线路安全巡查

线路安全巡查主要针对深隧及支隧沿线进行巡查，防止出现大型施工造成隧道结构破坏，同时禁止占用、堵塞竖井空间。巡查人员根据现场设备、设施工况，及时发现智能监测系统无法监测的问题。

1.3.2.4 项目综合运行调度

利用智慧深隧系统，重点根据水量、竖井水位、深隧泵站水位及流量进行综合调度。旱季调度重点为保障隧道最低流速不低于 0.65 m/s；雨季调度重点为流速控制在 1.17 m/s 内，并做好各预处理站及前端泵站、闸站的溢流管理。联合调度内容包括所属区域内的水系、管网、泵站、预处理厂、闸口等。大东湖项目设计的收纳范围四大片区，34 家泵站、闸口，需提前做好各级部门与单位之间的协调，制定联合调度方案。

1.3.3 运营管控要点

1.3.3.1 预处理站

预处理站地处武汉市主城区，运行过程中需考虑与周边居民的邻避效应；预处理站承担收集、预处理及传输区域雨、污水的作用，运行过程中需考虑功能稳定；预处理站结构为地下半埋结构，运行过程中需考虑自身运行安全。

预处理站因其固有的技术和工艺属性，存在大量的功能性设施和设备，若日常管理不到位易造成功能丧失、精度不足等问题，暴雨、风灾、雷击、地面塌陷等自然灾害均会影响预处理站的正常运行，导致周边区域雨、污水无法正常进入深隧并输送至污水处理厂进行处理，在城区引起雨、污水外溢，造成不好的社会影响或导致事故发生。各预处理站均采用地下半埋结构，大部分设备设施处于地下，运行过程中需考虑设备设施出现异常、系统调度出现差错或日常运行监控不到位时，出现雨、污水外溢至场站内部导致预处理站地下结构被雨、污水淹没或停运，从而造成巨大的经济损失和人身安全风险的情况。

预处理站运营管控难点需通过专业体系化的运营管理、科学系统性的综合调度进行管控。

1.3.3.2 提升泵站

沙湖提升泵站与预处理站类似，运行过程中需考虑功能稳定及自身运行安全。

在提升泵站的运营维护过程中，根据事件发生的经过、性质、机理，将输水调度过程中可能产生的不确定性事件归纳为以下几类：暴雨洪水、地质滑坡、地震等自然灾害对管网和泵站造成的破坏性风险，导致周边区域污水无法正常进入深隧并输送至污水处理厂进行处理，在城区引起污水外溢，造成不好的社会影响或导致事故发生。

提升泵站运营管控难点需通过专业体系化的运营管理、科学系统性的综合调度进行管控。

1.3.3.3 深隧

根据深隧的功能及结构特点，运行过程中需考虑超设计水量的雨、污水进入隧道，内部气体超标，结构渗漏，人为或不可抗力造成结构破坏，内部淤积等潜在风险。

由于地表污水系统大部分仍处于合流区（混流区），雨季超过截流量的雨水进入深隧，会造成污水深隧超负荷和影响污水处理厂进水水质。同时，预处理站为半地下式，大量合流雨水进入，会影响预处理构筑物生产安全；在进入隧道前，入流竖井会将水体内携带的气体排出，隧道内的甲烷、硫化氢等可燃气体积聚；在非正常情况下隧道发生裂缝，由于隧道外地下水压强高于隧道内部水压强，隧道内污水渗入地下水中的可能性不大，但存在隧道结构安全及地下水渗入隧道的风险。深隧下穿主城区，各类施工活动会人为地破坏深隧结构，同时地震、爆炸及其他不可抗力因素也会对深隧结构造成影响。深隧传输的是雨水及市政污水，虽然入流的污水经过预处理，但污水内仍然含有泥、砂等易沉淀的杂质，长时间的运行积累会造成一定程度的淤积风险。

综上所述，深隧运行过程中的风险及难点大部分可以通过建立专业严谨的运营管理体系、智慧科学的综合调度平台进行管控，对针对性或专业性较强的运营难点可通过开发专业化的数学模型及专业设备进行专项管控。

第2章 运营管理体系建设

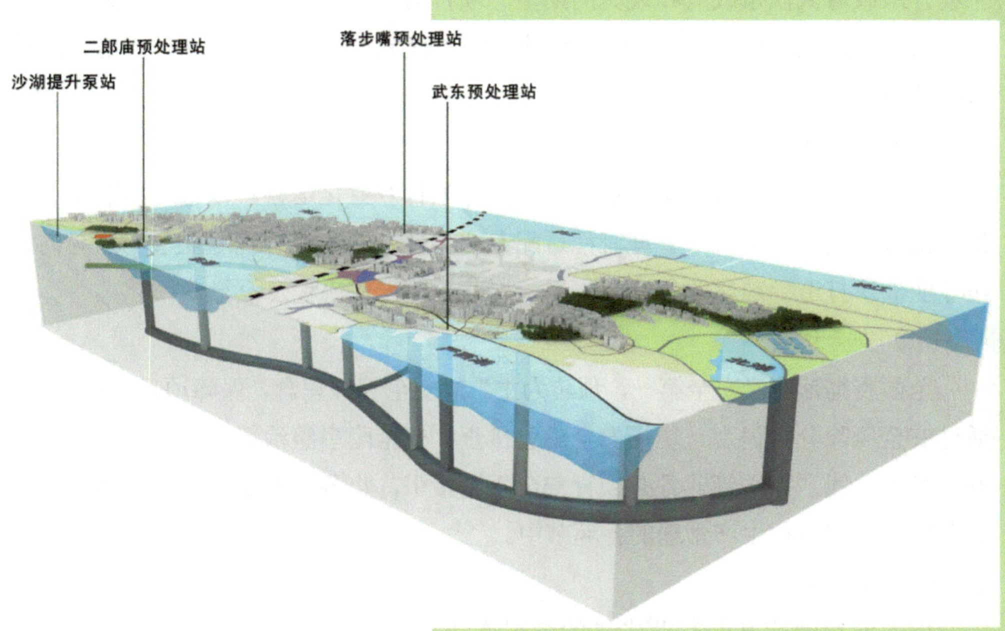

2.1 运营管理理念

通过对武汉大东湖深隧项目的运营管控难点进行分析可以看出，建立科学、完善、高效的运营管理体系对维持项目运行稳定、科学完美履约、充分发挥项目的经济和社会效益起着决定性作用。因此，武汉大东湖深隧项目在运营期确立了以下运营理念，并通过设立对应的管理组织架构，使得项目运营管理理念最终转化为项目的日常运营管控。

（1）全周期运营管理

将项目运营管理从传统的以运营期运行管理为核心前置延伸至工艺设计审核、工艺设备选型、施工质量评估、建运交接把关等环节，从项目源头进行预防掌控、运营期间进行针对性管控，实现项目全周期运营管理。

（2）完美履约

武汉大东湖深隧项目作为中国大陆首条长距离深层污水传输隧道和重点民生工程，承载着武汉市政府和人民的期望。项目运营管理以实现完美履约为目标，全面落实《武汉大东湖核心区污水传输系统工程 PPP 项目合同》和项目运营绩效考核的相关要求。

（3）专业运营

根据水务环保项目运营管理特点，推行项目专业化运营。以管理标准化、操作规范化为指引，结合“管理流程适配专业特性、专业人管理专业事”的导向，按专业板块打造标准化业务管理体系，规范专业管理流程及执行动作。

（4）安全运营

全面贯彻落实“安全第一，预防为主”的安全管理理念，保障项目运行安全。通过安全风险分析识别、现场安全隐患排查、安全隐患整治等手段把控项目运营安全管理主线，以“管业务必须管安全”为指引，将各项安全管控措施和要求落实在项目日常运行生产管理的各环节中。

（5）运营创新

借鉴同行业或其他行业先进的管理方法和管理工具，结合项目实际运营特点，创新成为适合水务环保项目运营管理的管理手段。关注行业前沿技术，适时开展现场技术改造，引入信息化管理平台，借助先进的管理平台实现运营高效管理。

2.2　运营管理架构

2.2.1　组织架构

为高效推进武汉大东湖深隧项目运营生产工作，运营期管理组织架构采用“五部一室”（图 2.1），分别为设备管理部、生产管理部、财务部、合约法务部、安全环境部、综合办公室。

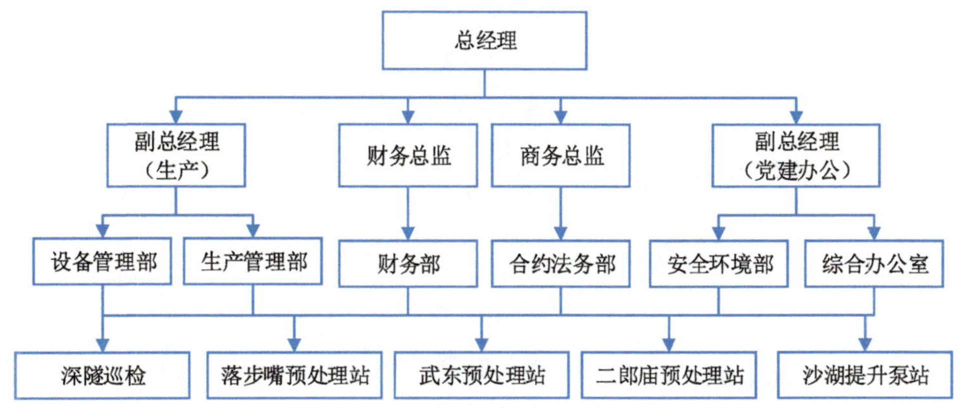

图 2.1　组织架构

项目公司负责项目层面经营管理（大修、技改、固定资产购置、保险、智慧平台等），深隧、提升泵站及各预处理站日常运维由各预处理站进行单独管理（日常设备操作、服从项目整体调度、设备设施日常保养维修、配套管网维护、自来水、电、栅渣处置、在线仪表监测、物业等）。

2.2.2　人员定编

项目公司层面共计 24 人，其中核心管理层 5 人。项目公司管理人员定编见表 2.1。

表 2.1 项目公司管理人员定编

序号	部门	岗位	人数/人	备注
1	核心管理层	总经理	1	—
		副总经理（生产）	1	生产运行
		财务总监	1	财务
		副总经理（党建办公）	1	党建及办公室
		商务总监	1	商务招采等
		小计	5	—
2	生产管理部	经理	1	—
		副经理	1	—
		运营管理岗	2	—
		小计	4	—
3	设备管理部	部门经理	1	—
		电气工程师	1	—
		电工	1	—
		设备高级技师	1	—
		维修工	2	—
		小计	6	—
4	综合办公室	主任	1	—
		综合管理岗	1	—
		后勤管理岗	1	—
		小计	3	—
5	财务部	财务经理	1	—
		出纳	1	—
		小计	2	—
6	合约法务部	经理	1	—
		招采管理岗	1	—
		小计	2	—
7	安全环境部	经理	1	—
		安全管理岗	1	—
		小计	2	—
合计			24	—

各站点按照站长（1 人）、站长助理（1 人）、操作工（8 人）进行配置。项目公司产业工人定编见表 2.2。

表 2.2　项目公司产业工人定编

序号	站点	岗位	人数/人
1	沙湖提升泵站	站长	1
		站长助理	1
		操作工	8
		小计	10
2	二郎庙预处理站	站长	1
		站长助理	1
		操作工	8
		小计	10
3	落步嘴预处理站	站长	1
		站长助理	1
		操作工	8
		小计	10
4	武东预处理站	站长	1
		站长助理	1
		操作工	8
		小计	10
5	深隧巡检	巡检员	4
		小计	4
合计			44

2.2.3　部门职责

2.2.3.1　项目管理层

（1）生产管理部

① 负责项目公司生产运行管理工作。

② 执行项目公司下达的责任目标，根据责任目标组织制订生产计划、生产成本预算并落实执行，做好生产指标及成本管理。

③ 负责编制向甲方提交的月度运营记录，报给分管的副总经理审核、项目公司总经理审批。

④ 负责泵站、污水预处理站、深隧生产管理组织，并对执行情况进行管理，及时处理异常情况，整体上维持整个系统正常运转，对难以处理的问题应及时上报，确保安全、稳定、优质、低耗、经济运行，全面完成生产任务。

⑤ 做好对上下游水量调度配合工作，以及对上下游配合需求进行沟通协调工作。

⑥ 负责泵站、污水预处理站、深隧生产运行日常管理技术管理工作，同时主导工艺优化、技术改造等工作。

⑦ 做好员工行为规范、精神面貌、工作着装等管理工作，确保员工良好的工作状态。

⑧ 定期或不定期对各个岗位工作情况进行巡检。

⑨ 负责安全生产、文明生产管理，组织员工安全培训，定期组织安全教育培训和安全应急演练；监督员工严格按照操作规程、安全规程进行操作，确保员工在生产过程中的生命财产安全，零事故生产，维护好生产车间清洁卫生工作环境。

⑩ 编制生产管理制度，明确各岗位的工作职责和要求。

⑪ 编制操作规程，并对员工开展培训，提高员工专业技能，满足岗位要求。

⑫ 做好设备运行工况管理及一级养护管理工作。一旦发现问题，及时反馈，协调设备管理部做好故障排除工作。

⑬ 做好生产物资管理工作，不得因为生产物资管理不善影响生产，也不得因为生产物资管理不善造成异常损坏。

⑭ 做好生产数据监控及管理工作，要求生产记录完整、真实、准确，字迹清晰，书写工整，不得字迹潦草、台账不整洁、弄虚作假。做好生产资料及时归档工作。现场操作人员一旦发现生产数据异常应及时汇报，生产管理部要及时处理，确保生产状态正常。

⑮ 配合公司做好接待、考察、审计等工作。

⑯ 对运营委托单位进行生产、安全巡查工作。

⑰ 完成领导交办的其他工作任务。

（2）设备管理部

① 负责项目公司设备管理工作。

② 执行项目公司下达的责任目标，根据责任目标制订设备日常保养、大修计划，设备维护管理成本预算并落实执行，做好设备维护管理工作及成本控制。

③ 编制设备维护管理制度及操作规程，并对生产管理部做好一级养护的培训工作。

④ 制定设备维护管理模式，对设备维护管理整体管控，并对设备处于良好工况负责。

⑤ 负责设备备品备件的统计、申购、储存和使用管理，做好设备物资管理工作，不得因为管理不善影响设备维护管理的及时性，也不得因为管理不善造成物资异常损坏。

⑥ 做好设备维护管理过程中的安全管理工作，确保生产安全，定期开展安全教育培训和安全应急演练工作。

⑦ 定期到现场做好设备巡检及运行数据检测工作，评估设备工况，查找问题，及时排除隐患，做好设备养护工作。

⑧ 一旦发现设备出现故障，能够采取积极应对措施排除故障，不得影响生产，并确保故障排除期间的设备及人身安全。对于处理不了的问题要及时汇报，并做好跟踪、协调工作。

⑨ 定期组织对设备的原理、结构、材质性能、使用维修说明等内容的培训学习。

⑩ 定期巡视深隧系统，做好深隧系统全线维护保养工作。

⑪ 做好设备维护管理台账记录工作，要求生产记录完整、真实、准确，字迹清晰，书写工整，不得字迹潦草、台账不整洁、弄虚作假。做好生产资料及时归档工作。

⑫ 完成领导交办的其他工作任务。

（3）综合办公室

① 负责项目公司行政办公费用审核、督办党工团文化活动建设。

② 负责建立健全各类档案，做好档案收集、保存、分类管理。

③ 负责一切外来函件，由综合办公室负责人编号、登记、抄办，呈有关领导审阅，经落实办理后交回存档。

④ 负责项目公司培训综合管理。

⑤ 负责印章管理、重要会议会务管理。

⑥ 负责后勤保障管理，包括食堂、宿舍、车辆、固定资产和办公用品管理。

⑦ 负责宣传文化和信息管理。

⑧ 负责项目公司“6S”管理、标准化建设工作。

⑨ 负责项目公司人力资源管理工作。

⑩ 完成领导交办的其他工作任务。

（4）财务部

① 负责项目公司的财务管理工作，统筹会计报表、会计核算、审计对接、综合管理等工作。

② 统筹项目公司费用管控、会计核算、各类报表编制、税务申报及发票抵扣。

③ 配合内外部审计等工作，负责编制向甲方提交的月度成本报表、落实年度财务审计报告，报给财务总监审核、项目公司总经理审批。

④ 负责健全项目公司的整体财务核算体系，利用会计资料有效地进行经济活动分析。

⑤ 负责编制项目公司财务预算、财务计划等。协助项目公司执行预算计划，并配合监督、指导、检查工作。

⑥ 负责项目公司的会计核算及会计监督。

⑦ 协助项目公司的预算、决算、审计工作。协助项目公司的预算管理监督。

⑧ 负责项目公司的资金管理，编制项目公司资金方案。

⑨ 完成领导交办的其他工作任务。

（5）合约法务部

① 根据项目公司各部门提出的采购需求，进行采购管理。

② 完成招采工作的规定审批流程。

③ 收集保存相关采购类资料。

④ 代表公司参与合同纠纷的调解。

⑤ 跟踪合同签订、履行情况，提出建议或意见。

（6）安全环境部

① 组织拟定公司安全、消防、环保、职业卫生方面的规章制度、操作规程和生产安全事故应急救援预案。

② 组织公司关于安全、消防、环保、职业卫生的教育和培训，如实记录教育和培训情况；做好新入场人员的安全教育；制订年度安全教育计划并组织安全教育培训。

③ 督促落实公司重大危险源的安全管理措施。

④ 定期组织公司安全、消防、环保等应急救援演练。

⑤ 检查公司的安全、消防、环保的状况，定期安排公司隐患排查，进行月度专项、综合安全检查，排查生产安全事故隐患，提出改进安全生产管理的建议。

⑥ 督促落实公司安全生产整改措施。

⑦ 做好日常的安全、消防、环保等巡查监督管理工作。

⑧ 公司发生安全事故时，组织公司相关人员进行事故调查。

2.2.3.2 泵站和污水预处理站

① 负责泵站和污水预处理站生产运行日常管理工作。

② 落实执行项目公司下达的责任目标，根据运行管理部制订的生产计划、生产成本预算，做好生产指标及成本管理。

③ 负责各自管辖的泵站或污水预处理站生产管理，及时处理异常情况，维持整个系统正常运转，对难以处理的问题应及时上报。

④ 负责所辖泵站和污水预处理站日常运行管理的常规技术管理，同时对调整工艺参数和运行模式以及工艺优化、技术改造等，按照指令执行。

⑤ 做好员工行为规范、精神面貌、工作着装等管理工作，确保员工有良好的工作状态。

⑥ 负责安全生产、文明生产管理，严格按照操作规程、安全规程进行操作，定期开展安全教育培训和安全应急演练工作，确保员工在生产过程中的生命财产安全，零事故生产，维护好生产车间清洁卫生工作环境。

⑦ 负责生产工人安全监控工作。

⑧ 做好设备运行工况管理工作，以及一级养护管理工作，一旦发现问题及时反馈，协调设备管理部做好故障排除工作。

⑨ 做好生产台账记录及生产数据监控，要求生产记录完整、真实、准确，字迹清晰，书写工整，不得字迹潦草、台账不整洁、弄虚作假。做好生产资料及时归档工作。现场操作人员一旦发现生产数据异常应及时汇报，生产管理部要及时处理，确保生产状态正常。

⑩ 配合公司做好接待、考察、审计等工作。

⑪ 领导交办的其他工作任务。

2.2.4 岗位职责

项目公司岗位职责分工见表 2.3。

表 2.3 项目公司岗位职责分工

序号	部门	岗位名称	人员配置	岗位职责
1	核心管理部门	总经理	1 人	① 主持项目公司的生产经营管理工作，组织实施董事会决议； ② 拟订年度经营计划、投资方案和年度预算、决算方案； ③ 拟订利润分配方案或弥补亏损方案； ④ 提请董事会聘任或解聘项目公司高级管理人员； ⑤ 拟订项目公司的基本管理制度和内部机构设置方案，制定项目公司具体规章； ⑥ 聘任或解聘除应由董事会聘任或解聘以外的管理人员； ⑦ 批准项目公司和员工签订的劳动合同以及劳动合同随后的任何修改或修订，代表项目公司与员工签订劳动合同； ⑧ 建立健全项目组织架构、明确职责分工，优化人员配置； ⑨ 建立项目业务相关各政府部门的公共关系，并积极维护；合理争取相应资源； ⑩ 项目公司章程和董事会授予的其他职权和董事会委派的其他事项

序号	部门	岗位名称	人员配置	岗位职责
1	核心管理部门	副总经理（生产）	1 人	① 主管生产管理部、设备管理部、安全环境部，对总经理负责； ② 负责公司安全管理工作； ③ 制订生产、维修工作计划，并监管直属部门的完成情况； ④ 负责指导生产运行管理及各项技术经济指标的考核工作，确保各级目标任务的全面完成； ⑤ 组织编制《运行维护手册》； ⑥ 负责组织建立健全运营生产管理体系及安全管理体系文件； ⑦ 负责审核运营管理及生产管理过程文件； ⑧ 负责组织制订生产、维修工作计划，并监管直属部门落实完成； ⑨ 负责组织项目设施的工艺调整、技术改造、检测数据分析等技术工作
		财务总监	1 人	① 建立健全项目公司内部财务管理制度，主持项目公司财务战略的制定； ② 协调项目公司同银行、工商、税务、统计、审计等政府部门的关系，维护公司利益； ③ 审核财务报表，提交财务分析和管理工作报告；参与投资项目的分析、论证和决策；跟踪分析各种财务指标，揭示潜在的经营问题并供管理当局决策参考； ④ 组织并具体推动公司年度经营和预算计划程序，包括对资本的需求规划及正常运作； ⑤ 推动财务审计工作持续进行，协助总经理进行运营回款计划安排
		副总经理（党建办公）	1 人	① 主管综合办公室及党建活动，对总经理负责； ② 管理人事、行政、消防、环保、后勤等工作； ③ 负责各项证照的办理、年审、申报等工作； ④ 掌握食堂、绿化管理、安全管理等工作的开展情况，保障正常经营； ⑤ 负责对外联系及来宾的接待； ⑥ 负责综合办公室工作人员的绩效考核； ⑦ 负责各项行政费用的预算申报，做好费用控制； ⑧ 负责开展项目部组织绩效考核及个人绩效考核工作； ⑨ 负责项目部责任目标督办工作

序号	部门	岗位名称	人员配置	岗位职责
1	核心管理部门	商务总监	1人	① 编制商务总体目标； ② 负责组织各部门参与制定商务策划方案并实施； ③ 组织各部门参与运营过程中的降本增效策划； ④ 把控合同招标总体风险，使其合法合规并符合公司采购管理条例； ⑤ 负责组织项目履约风险化解落实； ⑥ 配合总经理完成对外商务工作
2	生产管理部	经理	1人	① 负责建设和发展运营团队，组织开展员工队伍培训、考核评价及人才梯队建设工作； ② 负责建立健全运营管理制度，优化制度流程； ③ 负责根据公司责任状及项目公司总体目标制订总体工作计划，并做好部署及监督实施； ④ 负责对外的协调、策划、组织与对接工作； ⑤ 统筹负责对项目委托运维单位的运行管理巡查； ⑥ 负责协助部门负责人建设运营团队，组织开展员工队伍培训、考核评价及人才梯队建设工作； ⑦ 负责项目全生命周期运营管理工作，其中包括运营筹备、试运营及运营期的全面管理工作； ⑧ 负责组织实施项目的技术管理工作； ⑨ 负责组织机电管理及维修管理； ⑩ 负责运营数据及技术数据管理
		副经理	1人	① 负责协助部门负责人建设运营团队，组织开展员工队伍培训、考核评价及人才梯队建设工作； ② 负责项目全生命周期运营管理工作，其中包括运营筹备、试运营及运营期的全面管理工作； ③ 负责组织实施项目的技术管理工作； ④ 负责组织机电管理及维修管理； ⑤ 负责运营数据及技术数据管理
		运营管理岗	2人	① 负责生产运行相关的管理制度与标准规程的制定与修改； ② 对制度与规程的执行情况进行检查与监督； ③ 指导、监督、检查、考核班组成员的日常生产及工艺调度指令；

序号	部门	岗位名称	人员配置	岗位职责
2	生产管理部	运营管理岗	2 人	④ 定期组织运行状况的分析评估与考核工作； ⑤ 审定下属公司生产运行数据表与周报、月报、年报，分析运营公司工艺参数及能耗、物耗等运营成本控制状况，并提出改进建议； ⑥ 建立主要原材料采购目录和信息； ⑦ 指导运营公司的原材料管理和采购库存管理； ⑧ 负责生产数据、报告的归纳、总结及汇报工作
3	设备管理部	经理	1 人	① 负责设备（包括机械设备、电气设备和仪表自控等）管理体系的建设，并负责设备管理体系的实施工作； ② 做好项目公司机械设备的管理工作，调试运行及技术改造等工作； ③ 负责制订项目公司设备大修重置改造计划，严格控制大修的成本、质量和周期，并负责项目大修方案的编制和审核工作，对大修重置完成情况及效果进行统计评估； ④ 规范设备采购及合格供应商管理； ⑤ 组织设备培训工作； ⑥ 负责对各运营公司设备经济运行进行统计分析及推广设备节能技改、创新创效工作，提高运行效率，降低运营成本； ⑦ 组织实施深隧系统内部的巡查工作
		电气工程师	1 人	① 严格遵守电路技术规程与安全规程，保证项目公司安全供电，保证电气设备正常运转； ② 认真学习掌握先进的电力技术，熟悉所辖范围内的电力、电气设备的用途、构造及操作维护保养内容； ③ 负责项目公司低压配电线路、电气设备的安装、调试、技改、维修与保养工作； ④ 认真填写电气设备大、中修记录，保存好原始资料； ⑤ 经常深入各站生产现场，巡视检查电气设备状况及其安全防护，时刻掌握设备的运行情况、技术状况和缺陷情况； ⑥ 对于生产过程中电气设备突发性故障而且严重威胁人身和设备安全或者严重影响生产的情形，必须无条件立即解决，情况危急的及时做应急处理，需要协调配合工作的及时汇报领导，由领导组织协调； ⑦ 负责编制电气材料的备品备件计划； ⑧ 负责建立自控系统的应急管理体系； ⑨ 完成领导交办的其他工作任务

序号	部门	岗位名称	人员配置	岗位职责
3	设备管理部	电工	1人	① 协助电气工程师对电路进行检修维护； ② 定期对电气设备进行清点，并及时申报不满足规定数量要求的电气材料备件； ③ 协助电气工程师对应急情况进行处理； ④ 填写电气日常检修及维护记录清单
		设备高级技师	1人	① 负责设备备品备件的统计、申购、储存和使用管理； ② 协助部门经理建立设备管理制度； ③ 协助部门经理实施设备大、中修工作； ④ 组织实施设备日常维护及检修工作； ⑤ 保障或保持设施、设备、人员等必需的资源配备齐全，满足工作需要； ⑥ 认真填写设备大、中修记录，同时做好设备日常检修维护记录的审查
		维修工	2人	① 做好日常设备巡检工作并填写记录； ② 协助设备高级技师进行设备维护工作； ③ 协助设备高级技师编制相应文件； ④ 负责维修车间的卫生清洁工作
4	综合办公室	主任	1人	① 主持办公系统日常管理工作； ② 统筹管理项目公司的绩效考核工作； ③ 负责项目公司相关费用审核、督办党工团文化活动建设； ④ 组织领导视察接待活动； ⑤ 负责对接外部宣传活动； ⑥ 负责对接上级部门的各项工作
		综合管理岗	1人	① 负责后勤保障管理，包括食堂、宿舍、固定资产和办公用品管理及采购； ② 负责宣传文化和信息管理； ③ 负责组织筹划党工团文化活动建设； ④ 负责建立健全各类档案，做好档案收集、保存、分类管理； ⑤ 负责一切外来函件，由负责人编号、登记、抄办，呈有关领导审阅，经落实办理后交回存档； ⑥ 配合完成部门其他工作

序号	部门	岗位名称	人员配置	岗位职责
4	综合办公室	后勤管理岗	1 人	① 负责会议接待工作； ② 做好值班调休及会议安排的记录； ③ 负责办公区域及后勤区域的管理工作； ④ 负责服务外包人员管理工作
5	财务部	财务经理	1 人	① 主持部门日常工作； ② 统筹会计报表、会计核算、审计对接、综合管理等工作； ③ 配合内外部审计等工作，负责编制向甲方提交的月度成本报表，落实年度财务审计报告，报给副总经理审核、项目部总经理审批； ④ 负责健全项目公司的整体财务核算体系，利用会计资料有效地进行经济活动分析； ⑤ 负责编制项目部财务预算、财务计划等。协助项目部执行预算计划，并配合监督、指导、检查工作
		出纳	1 人	① 协助财务经理管理财务台账； ② 做好结算及收付工作； ③ 保管各种财务工具
6	合约法务部	经理	1 人	① 结合项目情况，制订招标计划； ② 拟订并完善招标管理办法及招标工作流程； ③ 负责组织招标、评标、议标、定标等工作； ④ 协助公司进行审计工作
		招采管理岗	1 人	① 负责组织供方考察、考核及评价工作，建立并维护供方名册； ② 相关资料的搜集、报送； ③ 负责对合同条款进行分析，防控合同风险； ④ 协助公司商务策划实施
7	安全环境部	经理	1 人	① 负责建立健全项目安全管理、环境管理体系，组织编制本项目安全、环保、职业健康管理程序、管理制度并监督检查执行情况； ② 负责认真贯彻执行有关安全、环保、职业健康的方针、政策、法律法规和制度； ③ 负责指导作业现场安全工作，定期召开安全会议，加强安全基础建设； ④ 制订安全生产工作计划、目标及管理方案，并组织落实； ⑤ 制订安全培训计划，组织进行安全培训和应急预案的演练，并对相关部门进行安全考核

序号	部门	岗位名称	人员配置	岗位职责
7	安全环境部	安全管理岗	1人	①宣传、执行国家有关安全生产、劳动保护法规和规章，以及本公司相关规定，协助领导做好安全生产工作； ②负责项目消防器材、特种设备、劳动防护的日常管理工作； ③负责组织进行定期或不定期安全生产检查，发现事故隐患及时采取纠正措施； ④会同有关部门对作业人员进行安全知识教育和培训，组织新进场作业人员的三级安全教育，配合有关部门搞好特种作业人员的安全技术培训和考核； ⑤组织对项目安全规章制度、安全操作规程、安全技术措施和安全应急预案的评价和修订，并保证其有效性
8	预处理站/泵站	站长	1人/站	①负责泵站和污水预处理站生产运行日常管理工作； ②落实执行项目公司下达的责任目标，根据生产运营部制订的生产计划、生产成本预算，做好生产指标及成本管理； ③在生产管理部管理下，负责各自管辖的泵站或污水预处理站生产管理，及时处理异常情况，维持整个系统正常运转，对于难以处理的问题应及时上报； ④负责所辖泵站和污水预处理站日常运行管理的常规技术管理，同时对调整工艺参数、运行模式、工艺优化、技术改造等按照指令执行； ⑤做好员工行为规范、精神面貌、工作着装等管理工作，确保员工有良好的工作状态； ⑥负责安全生产、文明生产管理，严格按照操作规程、安全规程进行操作，定期开展安全教育培训和安全应急演练工作，确保员工在生产过程中的生命财产安全，零事故生产，维护好生产车间工作环境； ⑦负责生产工人安全监控工作； ⑧配合公司做好接待、考察、审计等工作； ⑨完成领导交办的其他工作任务
		站长助理	1人/站	①负责收集日常站点运行管理信息； ②审阅日常运行管理台账及报表； ③督查现场运行安全措施是否到位； ④配合公司做好接待、考察、审计等工作； ⑤配合生产管理部做好对各站点的巡查工作

序号	部门	岗位名称	人员配置	岗位职责
8	预处理站/泵站	操作岗	8 人/站	① 按照调度中心指令操作； ② 掌握站区各种设备的操作规程； ③ 做好设备运行工况管理及一级养护管理工作，一旦发现问题及时反馈，协调设备管理部做好故障排除工作，确保生产状态正常； ④ 做好生产台账记录及生产数据监控，要求生产记录完整、真实、准确，字迹清晰，书写工整，不得字迹潦草、台账不整洁、弄虚作假，做好生产资料及时归档工作； ⑤ 完成领导交办的其他工作

2.3　制度体系建设

2.3.1　建运交接管理

建运交接指项目由建设团队向运营团队进行项目实物、资料及管理权责交接，实现项目由建设期向运营期正式转换。项目公司建立项目建运交接工作组，明确项目建设移交团队和运营接收团队成员，制定工作组各岗位职责、工作内容和工作机制，组织开展项目建运交接工作。

（1）子项预验收

运营接收团队在项目建设过程中参加涉及运营期间安全生产、设备性能等事项的设计方案确认、商务招采、关键工序过程验收，包含技术规格书审核、招标文件及合同评审、工艺设备开箱验收、机电安装质量评估、工艺构筑物性件及合同评审、单机调试及联机试车等。

（2）“三查四定”

运营接收团队根据项目施工进度，结合项目设计资料、合同约定和运营需求，对施工过程开展质量评估，并以施工子项为单位，编制《项目子项“三查四定”缺陷整改清单》（“三查四定”即查设计漏项、查施工质量隐患、查未完工程量、定整改任务、定整改措施、定整改责任人、定整改期限），按质量评估类别逐项列举施工过程中发现的质量缺陷，并根据实际整改结果，同步对《项目子项“三查四定”缺陷整改清单》进行逐项实时跟踪更新，直至缺陷按要求整改完成。

（3）建运交接事项确认表

项目运营接收团队根据合同约定、设计工程量清单及运营管理需求，编制项目建运交接事项确认表，该表需对各交接事项进行详细罗列、注明必改项和容缺项。根据项目进入正式运营的时间计划，写明各交接事项的计划交接日期、交接事项类别、交接标准依据及交接双方。

（4）正式交接

项目建运交接工作组应及时组织召开项目建运交接大会，移交团队与接收团队应在大会上签订《项目建运交接工作备忘录》，确保项目正式运营前已完成项目建运交接工作。

2.3.2 设备设施管理

（1）点检管理

设备管理人员按照点检标准规定的点检工具、点检方式和点检周期，严格进行点检作业，并实时做好设备点检工作的记录和闭环反馈。设备管理人员编写《设备点检工作总结分析报告》。

（2）故障管理

设备故障实行分级管理，即设备故障（造成设备停用，但未造成站所停运的）、一般设备事故（造成站所停运 1 h 以上，直接经济损失大于 1 万元，但未导致环保事故发生的）、较大设备事故（造成站所停运 2 h 以上，直接经济损失大于 5 万元，但未导致环保事故发生的）、重大设备事故（造成站所停运 4 h 以上，直接经济损失大于 10 万元，造成环保事故发生的）、特大设备事故（造成站所停运 8 h 以上，直接经济损失大于 50 万元，造成环保事故发生的）。设备管理人员根据设备故障信息下发维修工单，根据工单要求进行故障处理。故障处理完后，应及时告知相关运营生产人员，并填报相应的记录。

对于因设备故障造成工艺停运、设备报废、安全事故、环保事故等后果的，设备管理人员应编写《设备故障分析报告》。对于设备故障达到设备事故级别的，应在设备事故发生的第一时间及时通知上级公司主管部门，并按规定立即开展事故抢修工作。事故抢修完成后，应在3个工作日内向公司运营中心提交《设备事故分析报告》。

（3）保养管理

设备部经理组织技术人员制定《设备保养（检修）标准》，设备管理人员采用周期循环的方式持续推行设备保养管理工作，特种设备应严格按强制标准制定日常管理标准。

（4）设备技改、大修、重置和报废管理

项目公司根据项目合同和行业规范，定期开展各项专业检测工作。根据检测结果，需要启动中修或大修工作的，项目公司需在3个月内编制中、大修方案，经审批后报上级公司主管部门备案。

由项目公司承担成本的技改、大修或重置费用的，报上级公司主管部门确认后方可进行。由业主承担技改、大修或重置费用的，由项目公司向业主提出申请，业主审批后报上级公司主管部门备案。涉及设备重置的事项，对应报废的设备明确处置方式，并做好档案记录、备查。

（5）设备档案管理

项目公司应按设备管理制度要求，编制设备使用规程、维护规程、检修规程，并对设备全过程管理进行记录、存档，包含《设备点巡检标准》的检查记录、《设备保养（检修）标准》的维护更换记录、《设备润滑台账》的润滑记录、设备运行管理工作总结分析报告、设备技术改造记录、设备大修和重置记录等，建立设备全寿命过程档案（特种设备相关管理档案需严格按国家相关法律法规进行资料存档）。

2.3.3 生产调度管理

指统一调度公司下属泵站及污水预处理站，使污水及时、有效地输送至北湖污水处理厂，保证深隧系统的运行安全。

（1）职责权限

① 二郎庙中心控制室为项目公司调度中心，生产调度组负责调度中心的日常调度工作，泵站、预处理站负责调度指令执行工作。

② 调度中心主管负责项目公司调度指令的签发。

③ 项目公司调度中心对内负责项目公司内部调度指令的发出及落实检查，对外负责外部调度指令的接收及对武汉市水务局、上游泵站、下游北湖污水处理厂的调度协调。

（2）调度原则

① 遵循武汉市水务局的调度指令。

② 深隧系统运行时，调度中心负责协调泵站、预处理站进深隧水量，保证深隧内流速控制在 0.65～2.5 m/s。

③ 深隧调度在保障各预处理站工艺安全的情况下，满足北湖污水处理厂的调度需求。

（3）管理内容

① 调度人员必须 24 h 连续值班，掌握泵站、预处理站运行情况，在值班时做好调度的各项记录，调度记录应完整、真实、及时、准确，严禁补记。严格按照调度指令操作并对调度指令进行归档。

② 调度人员应遵守逐级请示汇报制度，严禁越级，严禁越权请示、汇报。当遇到紧急情况时，调度人员可向主管部门领导越级请示汇报。

③ 调度中心负责编制深隧系统相关单位基本信息表，内容包括公司所处上下游泵站、污水处理厂、企业的基本情况及联系方式。

④ 项目公司调度中心服从武汉市水务局的调度安排，重点配合北湖污水处理厂的调度。项目公司调度中心在接到外部调度指令后，应记录时间、单位、人员姓名、具体内容等，并立即向调度中心主管报告，得到调度中心主管的同意后执行调度指令，执行后由调度主管补签调度指令。

⑤ 泵站、污水预处理站值班人员发现影响深隧正常运行的情况时，应立即向调度人员报告，得到调度人员调度指令后进行操作，并做好记录工作。

⑥ 调度人员在运行过程中如遇到需要溢流等重大情况时，须立即向调度主管报告，调度主管应和生产管理部经理会商后确定调度方案，并报武汉市水务局、武汉市生态环境局备案；调度主管根据确定的调度方案协调上游泵站、下游污水处理厂落实调度工作。

⑦ 调度人员对执行调度指令有困难或有异议时，应先向调度中心主管反应，如调度中心主管坚持原调度指令，下级调度必须执行，产生的后果由调度中心主

管负责。

⑧ 调度中心根据深隧系统可能出现的极端情况编制深隧调度应急预案，根据掌握的历史水文数据及各站点运行经验制订日常调度计划。

2.3.4　安全环保管理

项目公司为安全生产、环保责任主体，参考《企业安全生产标准化基本规范》（GB/T 33000—2016）开展安全管理工作。

（1）管理制度

项目公司应根据实际情况，明确行政主管部门，建立安全生产和职业卫生的法律法规标准规范清单、文本数据库。

项目公司应参照相关要求，建立生产、安全、环保、职业健康相关管理制度，并及时对制度进行评审和修订。

应在生产区域醒目墙面悬挂安全操作规程、环保管理制度等。

（2）安全教育培训

项目公司负责人和安全管理人员应定期接受培训并取得相关安全证书。

项目公司应配备安全员，安全员应持证上岗。

电工、焊工等特种作业人员应取得相应资格证书。有限空间作业人员须经项目部安全生产培训后，持“有限空间作业安全培训合格证”上岗。

项目公司应编制年度安全培训计划，建立培训台账。

项目公司应对外来参观作业的人员进行安全教育及风险告知。

（3）生产安全风险管控

项目公司应建立安全风险辨识管理制度。按照《生产过程中危险和有害因素分类与代码》（GB/T 13861—2022）开展项目隐患排查治理，按月建立隐患排查治理台账。

项目公司应建立隐患排查治理制度，定期组织全面事故隐患排查，建立事故隐患信息档案，并按照职责分工实施监控治理。

项目公司负责人应每月组织召开安全生产例会，并形成会议纪要。

项目公司应建立专项使用资金制度，保证事故隐患排查治理所需的资金。

（4）职业健康管理

项目公司应按照《职业健康监护技术规范》（GBZ 188—2014）、《城镇污水处理厂运行、维护及安全技术规程》（CJJ 60—2011）、《中国建筑股份有限公司职业健康管理办法》（中建股安字〔2022〕107 号）等相关职业健康管理要求，建立员工健康台账，定期开展体检，开展相关职业健康培训，落实相关防护措施。

（5）环保管理

项目公司应按照环境保护要求落实环评批复和环保相关要求。

（6）生产应急管理

项目公司根据安全管理体系完善生产应急管理，开展生产应急预案编审、生产应急资源储备、应急培训与演练、组织应急处置等工作。

按《生产经营单位生产安全事故应急预案编制导则》（GB/T 29639—2020）编制生产安全事故应急预案，项目应编制停电、洪涝、冰冻、设备故障、进水异常、出水异常、污泥膨胀、中毒、溺水、火灾、触电、机械伤害等生产安全事故应急预案。

针对应急预案中的风险源及解决方案，建立生产应急资源储备台账。应急资源包含项目现有物资、工具，以及外部可利用的物资、工具、服务单位。外部单位应有 2 个以上联系方式，明确可提供的资源和服务清单，明确提供服务的收费价格。对外部单位安全资质进行审核并建立台账，按期复查安全资质的有效性。

项目公司安全管理岗应定期组织开展应急培训与演练，建立应急演练档案，总结、优化应急预案。发生突发事件后，根据应急预案组织应急处置。

（7）事故管理

项目公司应参照安全相关制度，建立事故管理制度，配合上级单位开展事故调查。生产相关安全事故报告、处置方案应提交上级主管部门。

2.3.5 现场环境管理

为加强规范化管理，提高运营水平和质量，提升企业整体形象，项目公司现场采用“6S”管理（图 2.2）。

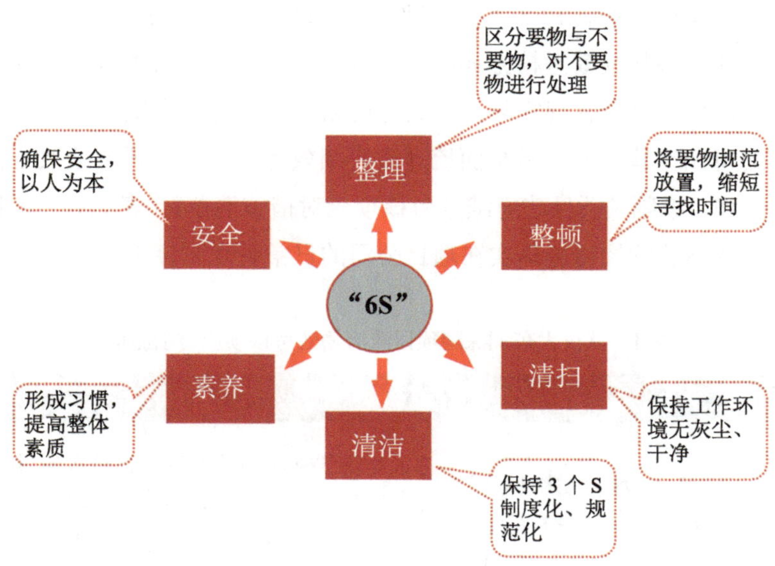

图 2.2　“6S”管理要求

项目公司运营管理部牵头制定生产区“6S”管理标准，按区域、设施划分责任区并明确责任人，重点对格栅间、栅渣、砂水分离器等重点区域制定详细的管理标准。

运营管理部建立班长、管理岗、部门经理三级常态化日常检查机制，运营总监每周至少现场检查 1 次。“6S”现场检查结果应纳入绩效考核。

对于现场检查发现的问题，项目公司应明确整改责任人、整改限期。针对频繁发生的问题，项目公司应通过优化管理、完善设施等手段解决。

2.3.6　运营绩效考核

项目公司应做好政府绩效考核管理工作，确保高分通过，包含绩效考核方案优化、预考核及整改、正式考核迎检工作。

（1）运营绩效考核方案管理

根据《政府和社会资本合作（PPP）项目绩效管理操作指引》（财金〔2020〕13 号）的要求，各参与方应当按照科学规范、公开透明、物有所值、风险分担、诚信履约、按效付费等原则开展 PPP 项目全生命周期绩效管理。

在项目实施机构编制PPP项目绩效目标与绩效指标期间，项目公司应积极与实施机构沟通，参与绩效考核方案讨论及专家评审，使绩效考核方案经过调查研究和科学论证后，符合客观实际，既具有前瞻性，又有可实现性的目标。

项目公司在运营期前，需全面梳理政府绩效考核指标，开展绩效考核风险分析及应对工作，编制《项目政府绩效考核项应对措施清单》（表2.4）。项目公司应将各项考核指标的管控措施落实在项目公司的日常管理制度中。

表2.4　武汉大东湖深隧项目政府绩效考核项应对措施清单

类别	项目	考核内容及标准	赋分原则	得分对策	执行措施
机电及日常设备管理（20分）	自控及在线仪表运行状况（5分）	《湖北省城镇污水处理厂运行监督管理办法》第九条。检查中控监控主站、PLC子站、通信网络，以及各种仪表、控制器件正常运行，有自动生成的电子报表，有自控及在线仪表的维护校验记录	污水处理自控系统不能正常使用的不得分。控制操作、显示、数据管理、报警、打印、在线仪表等功能，有一处不正常扣0.2分，扣完为止	自控系统及智慧水务系统软件安装调试期间尽可能测试，进行各种特殊情况测试，避免后期使用过程中发生崩溃；各种硬件定期检查，故障设备及时更换；在线仪表定期检查，排除隐患	相关标准在设备管理体系中的《设备点巡检标准》和《设备保养（检修）标准》中针对设备单体标准进行体现
	变、配电装置（5分）	电气设备符合安全要求。变、配电装置的工作电压、工作负荷和控制温度应在额定值的允许变化范围内。根据具体情况和要求，选用含义相符的标示牌，并悬挂在适合的位置上。变、配电设备及其周围环境应保持安全、整洁、卫生，并应设有防小动物装置和自控设备降温措施。配电设备有定期检查记录	变、配电装置的工作参数未在额定的允许变化范围内；变、配电设备未清楚标识主要开关状态；变、配电室无防潮、防雨、防小动物、门窗防护装置，每处扣0.1分，扣完为止	每天对变、配电装置的工作参数进行检查，根据实际工况及时调整变、配电装置工作参数，发现问题及时处理。定期对变、配电间主要开关标识及防潮、防雨、防小动物、门窗防护装置进行检查，发现隐患及时处理	相关标准在设备管理体系中的《设备点巡检标准》和《设备保养（检修）标准》中针对设备单体标准进行体现

类别	项目	考核内容及标准	赋分原则	得分对策	执行措施
机电及日常设备管理（20分）	变压器状况（4 分）	变压器负荷及冷却装置运行正常，散热器及风扇齐全，功能正常；瓷套管完整、无裂痕、无污垢及放电现象。 油浸式变压器油量充足、不渗不漏、油枕及油式套管的泊位正常；变压器本身及周围整洁。 工作接地和安全接地良好；定期检查有记录	任意一项不符合要求，扣 0.1 分，扣完为止	要求变电公司对变压器以合理的周期进行检查及对查出的问题进行检修，并给出检查记录和维修记录	相关标准在设备管理体系中的《设备点巡检标准》和《设备保养（检修）标准》中针对设备单体标准进行体现
	设备润滑管理（4 分）	检查设备润滑管理方案、设备润滑周期记录表，检查维修记录单和现场	无设备润滑管理制度或方案，扣 1 分。 无设备润滑记录表及加油记录，扣 0.1 分，扣完为止	设备维保部门制定设备润滑管理制度并建立相关管理台账	在设备管理体系中的《设备润滑管理制度》中体现
	室内（1 分）	办公室、值班室、操作室、机房内物品摆放整齐，卫生整洁，无烟头污渍等，照明齐全有效；门、窗、玻璃明亮无破损，墙壁整洁。 办公桌椅、操作工具摆放整齐。 淋浴室、卫生间设施齐全、无破损、无异味；操作人员着装整齐、干净、文明礼貌	有一项不符合要求扣 0.1 分，扣完为止	综合办制定泵站和各预处理站办公室、值班室、操作室、机房的卫生管理、物品摆放及员工着装管理制度	《建（构）筑物管理制度》相关标准

类别	项目	考核内容及标准	赋分原则	得分对策	执行措施
机电及日常设备管理（20分）	室外（1分）	站内道路完好、通畅，无破损；所有车辆在固定场所停放有序。 各种管道有色标、各种井盖整齐完好，井内无积水污物。 站内照明设施完好。 站内绿化、景观良好，且绿地植被无死亡缺损现象。 生产区内不允许堆放与生产工作无关的杂物，保持清洁整齐。 各项线路指示、安全标志，各设施、设备标牌、铭牌应齐备，且整齐有序，指示清晰	有一项不符合要求扣 0.1 分，扣完为止	以此内容完善站区生产管理制度，并贯彻执行	《建（构）筑物管理制度》相关标准
污染物排放（10分）	栅渣处理（4分）	栅渣处理设施运转正常。 栅渣处置方式符合合同规定，栅渣处置办法科学、合理，有处置地点且不会造成二次污染。 具有栅渣产生、储存、处置台账，有转移联单和合同等资料	当季是否存在设备运转不正常天数，存在一天扣 0.1 分，最高扣 1 分。 处置方式符合合同规范得 2 分，否则得 0 分。 具有完整的台账资料得 2 分，否则得 0 分	设备维保部门制订合理的设备维保计划，每个预处理站至少需确保一套栅渣处理设施正常运转。 与栅渣外运单位签订协议，明确栅渣外运路线及最终处置地点和处置方式，发生变更需以书面形式告知，栅渣外运车辆需预处理站值班人员检查确认手续完善、信息完整且不会发生二次污染以后才准许出厂	栅渣处置合同签订与转移联单管理

类别	项目	考核内容及标准	赋分原则	得分对策	执行措施
污染物排放（10 分）	企业厂界噪声控制（3 分）	符合企业厂界噪声标准	具体评分办法见评分细则。 实际得分=实际评分×0.03	定期组织第三方监测单位对各预处理站的噪声、臭气指标进行监测，根据检测结果分析超标或可能超标的方向，有针对性地做出整改或采取预防措施	内部考核要求
	厂界臭味控制（3 分）	《城镇污水处理厂污染物排放标准》（GB 18918—2002）中污水处理厂臭味控制规定	具体评分办法见评分细则。 实际得分=实际评分×0.03		内部考核要求
运营与管理（25 分）	设施正常运行率（10 分）	保证设备完好率达到 95% 以上	具体评分办法见评分细则。 完好率=实际设备完好数/设备总数	设备维保部门制订完善的设备维护保养和故障设备维修计划，以设备完好率 95%为控制底线	内部考核要求
	自动化控制（10 分）	保证设备完好率达到 95% 以上	具体评分办法见评分细则。 完好率=实际设备完好数/设备总数		内部考核要求
	运营管理制度执行情况（4 分）	污水预处理厂应建立健全的运营管理制度，明确各岗位职责	具体评分办法见评分细则。 实际得分=实际评分×0.04	项目公司组建督察工作组对运营管理制度执行情况进行督察，及时反馈管理制度的缺陷，项目公司收到反馈后立即修订相应的管理制度	各生产管理制度及《岗位职责表》
	接受政府、上级和相关部门的监督管理情况（1 分）	接受政府、上级和相关部门监督管理的要求、意见及建议，并能及时整改	拒绝接受政府或上级和相关部门的监督管理，或不接受其整改要求的，不得分	收到政府或上级和相关部门的监督管理及整改要求后立即成立专项工作小组，配合监督管理，制定整改工作安排并持续监督整改进度	

类别	项目	考核内容及标准	赋分原则	得分对策	执行措施
可持续性（10分）	员工素质与培训（4分）	运行管理人员必须了解本站处理工艺，熟悉本岗位设备、设施的运行要求和技术指标，并持证上岗。 企业要定期进行专业培训，使操作人员熟悉掌握工艺，同时加强节能减排意识。培训要有完整、真实的培训记录及材料	具体评分办法见评分细则。 实际得分=实际评分×0.04	项目公司定期组织员工进行岗位技能培训和综合素质培训，配合相应的考核措施提升员工素质。 着重强调起重设备操作、电工、安全员等关键岗位持证上岗	根据《大东湖项目公司培训体系管理制度》进行培训，培训内容主要为各种操作规程
	制度建设（6分）	建立合理的规章制度	具体评分办法见评分细则。 实际得分=实际评分×0.06		
安全生产（35分）	安全管理人员及管理机构（5分）	检查安全管理人员工作岗位情况。 要有健全的三级安全管理机构，各级均有明确的安全责任制	未配有专（兼）职安全管理人员、未健全三级安全管理机构各扣0.5分，扣完为止	项目公司、各预处理站、各运行班组均设置安全负责人，负责预处理厂的生产安全	《安全文明生产管理制度》中包含的相关要求
	安全管理制度、规程及隐患排查治理（10分）	《湖北省城镇污水处理厂运行监督管理办法》第八条。 制定齐全、详细的安全规章制度及操作规程。 安全检查台账、安全检查日志记录齐全。 发现安全隐患有积极的响应措施并能及时解决。 下井、室作业规定、器材、记录符合要求	安全管理制度任意一项不符合要求，扣0.5分。 安全台账不全，扣0.5分。 安全隐患未及时解决，扣2分。 下井、室作业无安全管理规定及器材的扣0.5分，扣完为止	安全管理制度根据安全演练结果进行修订；各预处理站通过定期安全检查排查安全隐患，对于发现的隐患立即采取警戒措施并及时制定整改方案和计划，逐步实施。高空、池面、水下和受限空间作业需对作业计划、保护措施、应急预案、专业监护人员等进行审批，并在作业开始前逐一确认相关事项是否准备妥当，作业过程中需保留过程记录文件和作业照片	《安全文明生产管理制度》《安全操作规程》

类别	项目	考核内容及标准	赋分原则	得分对策	执行措施
安全生产（35分）	应急预案（5 分）	《湖北省城镇污水处理厂运行监督管理办法》第八条。专项应急预案应包括管道、电气、停电、停水、雪灾、泄漏、主要设备故障、自控网络及在线仪表等突发事件、事故及火灾、水灾、爆炸、中毒等重大安全事故的预案，并根据实际情况定期组织演练（检查安全预案内容及演练计划、记录和图片）	建立完善的污水预处理站安全应急预案，并定期组织演练，得满分。 未建立完善的污水预处理站安全应急预案，不得分。 有预案，但未针对预案组织职工定期演练，扣 0.5 分	建立完善的污水预处理站安全应急预案，并定期组织演练，演练过程保留相关的文字和图片记录，根据演练结果对应急预案进行修订	应急预案里有相关内容及演练要求
	安全教育培训（1 分）	安全培训要有年度、月度计划。 结合工作岗位对职工进行安全教育，并有安全教育台账。 三级安全培训要有培训内容及培训人员签字。 厂主管领导和安全负责人要接受正规安全培训并具有上级颁发的安全培训证书	无具体的安全培训计划，扣 0.25 分。 所有职工未进行或不完全进行三级安全培训，扣 0.25 分。 站主管领导和安全责任人未接受过安全培训，扣 0.25 分，扣完为止	员工入职培训包含安全培训，安全培训和员工技能、员工素质培训共同组成项目公司培训体系	办理安全员证书，制订培训计划并做好执行记录
	操作人员防护（5 分）	按照《城镇污水处理厂运行、维护及安全技术规程》（CJJ 60—2011）严格执行	操作人员在岗期间未穿戴劳保用品，扣 0.25 分。 未严格遵守安全操作规程，扣 2 分。 在进行高空、池面、水下和受限空间等危险作业时，未采取有效保护措施，扣 1 分。 从事危险作业无专人负责监护，扣 1 分，扣完为止	安全管理制度强调操作人员在岗期间必须穿戴劳保用品，遵守安全操作规程，项目公司定期及不定期进行安全检查，对于未穿戴劳保用品、未严格遵守安全操作规程的行为要立即以纠正。 高空、池面、水下和受限空间作业需对作业计划、保护措施、应急预案、专业监护人员等进行审批，并在作业开始前逐一确认相关事项是否准备妥当	安全管理制度、安全操作规程、特种作业制度

类别	项目	考核内容及标准	赋分原则	得分对策	执行措施
安全生产（35分）	安全及防护用品（3分）	岗位人员有必要的安全保护措施；应定期检查和更换高压绝缘工具、救生衣/救生圈、防中毒、防泄漏等防护救生用品。 必要场所有安全警示牌。 有毒、有害场所有安全防护仪器、仪表、器具配备	未定期检查和更换安全防护用品，扣0.5分。 未配备急救物品，扣0.5分，扣完为止	建立安全防护用品和急救物品库存台账，定期检查清点，对于过期、损坏、失效的物品及时更换	开办物资里有相关安全及防护用品采购，后期定期检查、更换
	消防管理（3分）	办公、生产、电气设备、易燃易爆的场所，应按消防部门的有关规定设置消防器材。 构筑物、中控系统等的避雷、防爆、防泄漏装置的测试、维修及其周期应符合电业和消防等部门的规定	未按规定设置消防器材、定位图和逃生示意图，扣0.5分；未按照规定定期对消防设施，避雷和防爆、防泄漏装置进行测试、维修，扣0.5分，扣完为止	通水运行前按规定设置消防器材、定位图和逃生示意图；按照相关规定定期对消防设施，避雷和防爆、防泄漏装置进行测试、维修并做好记录	增加定位图、逃生示意图，消防、避雷、防爆、防泄漏装置规定
	治安管理（3分）	检查门卫管理记录、保安巡逻记录，安保月度、年度总结及电子监控系统情况	未建立完善的治安管理系统，扣1分，扣完为止	各预处理站均设立门卫值班室，设置门卫岗位，对外来人员、车辆情况进行调控和记录。 各预处理站均安装电子监控系统对关键位置进行24 h监控	门卫管理制度、安保管理制度

（2）预考核及整改

① 项目公司应在政府绩效考核前1个月，按绩效考核方案的评分标准组织对项目公司进行绩效预考核。

② 预考核结束后，项目公司针对预考核问题制订整改计划，每周督办整改完成情况，直至全部完成整改。

③ 对于预考核发现的问题，应在项目公司正式运营绩效考核前完成整改。

（3）正式考核迎检

① 正式考核前，项目公司应与政府考核小组做好沟通对接，确定检查方式和时间，制定迎检方案。在检查过程中做好沟通解释，确保考核过程真实、客观、公正。

② 考核结束后，项目公司针对考核发现的问题，在规定时间内逐条整改并及时向考核组反馈，每天跟进考核结果。

第3章

工艺设施运维要点

武汉大东湖深隧项目的日常运维内容主要包括各污水预处理站工艺设施日常运维（提升泵站设备类型包含于预处理站类型之中，不单独列出讲解，可直接参考预处理站）和深隧结构设施的日常巡查与监测，下文将根据深隧项目的实际运行特点，重点对污水预处理站（含提升泵站）关键工艺设施的日常运维和深隧结构的日常巡查与监测进行针对性讲解。

3.1 污水预处理站

3.1.1 工艺流程

污水预处理站主要功能为去除污水中的漂浮物、悬浮物和无机颗粒，避免污水杂质在隧道系统内产生淤积。污水预处理工艺：粗格栅间（20 mm）+提升泵房+细格栅间（6 mm）+曝气沉砂池+精细格栅间（3 mm），流程见图 3.1。

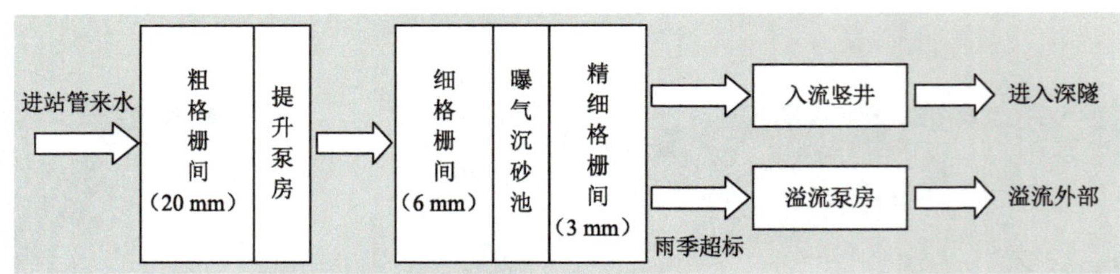

图 3.1　武汉大东湖深隧项目污水预处理站工艺流程

3.1.2 运维要点

3.1.2.1 工艺管控

① 重点关注提升泵前池液位，确保前池水位处于合理运行区间，不造成超高溢流风险或过低伤泵风险。

② 重点关注入流竖井内部运行液位，评估深隧输送能力，确保预处理站内污水能顺利排入深隧。

③ 重点关注曝气沉砂池、细格栅间、精细格栅间等地下空间运行液位，避免

出现来水突然加大或排水不足造成污水溢出，进而淹没整个预处理站地下空间。

④ 重点关注曝气风机、排砂螺杆及吸砂泵的运行情况，避免出现曝气沉砂池内无曝气、无排砂，造成水中悬浮颗粒超标，以及沉砂淤积造成曝气管堵塞、排砂装置卡死的情况。

3.1.2.2 日常操作

① 重点关注粗格栅间大型栅渣清理，避免出现格栅卡死及皮带损坏情况。

② 重点关注细格栅间、精细格栅间表面冲洗效果，及时调整高压冲洗水的冲洗频率，确保污水中栅渣能顺利去除。

③ 重点关注栅渣压榨机出渣情况，确保出渣正常且栅渣无外溢。

④ 重点关注曝气沉砂池、排水地沟、污水池等部分的周期性清淤工作，确保过水及储水能力满足要求，避免地下空间污水外溢。

3.1.2.3 设备管理

① 重点做好设备防腐、润滑工作，由于预处理站地下空间存在硫化氢等腐蚀性气体及污水本身具有的腐蚀性特点，现场机械设备、电气元器件易受腐蚀损坏，影响其使用功能。

② 重点关注提升泵、曝气风机、格栅、排砂装置、除臭系统等关键设备的日常维护，确保工艺稳定运行。

③ 重点关注预处理站供配电设施，做好电源应急切换演练，确保意外停电时各类设备仍能正常运行。

④ 重点关注自动启闭闸门，定期做好闸门电动执行机构位置、力矩保护装置的校准，避免出现启闭过程中因位置不准、力矩过大造成整体功能异常的事故。

⑤ 重点关注液位计、水质在线监测仪等仪器仪表的使用功能，避免出现运行异常及预处理水质不达标的情况。

⑥ 由于项目设备供应商较分散，各类设备的润滑要求不统一，涉及的润滑油（脂）种类较多，为了方便现场设备润滑管理并避免出现油脂混加或错加的情况，可综合考虑设备的工况特点，将润滑油（脂）适当进行统一，方便油脂储备及现场添加。

3.1.2.4 安全环保

① 重点关注预处理站周边环境臭气浓度的监测，避免引起周边居民的投诉。

② 重点关注预处理站地下空间硫化氢监测仪的状态，定期维护和校验，确保地下空间作业人员的安全。

③ 重点关注各类臭气收集装置、臭气处理系统的运行情况，确保臭气及时收集、处理和排放，改善地下空间现场环境。

④ 重点关注风机运行期间的噪声隔离及防护，避免影响现场作业人员及周边居民。

⑤ 重点关注有限空间作业过程中的安全防护，做好应急救援准备工作。

⑥ 重点关注现场栅渣、污水的清理，避免出现滑跌、坠落等安全事故发生。

3.1.3 运维要求

3.1.3.1 粗格栅间

武汉大东湖深隧项目涉及两种类型的粗格栅，即提升泵站使用的水下粉碎格栅和预处理站使用的钢丝绳牵引格栅，用于去除污水中较大尺寸的杂物。这两种类型的格栅由于结构及工作原理不同，因此日常运维要求也有较大的差异。预处理站粗格栅布局见图 3.2。

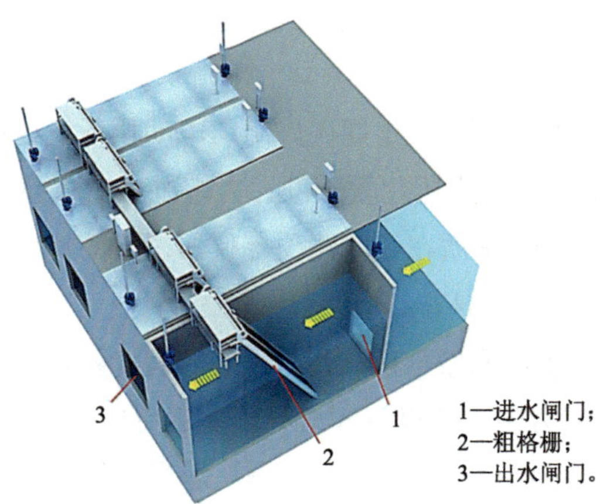

图 3.2 武汉大东湖深隧项目预处理站粗格栅间布局

3.1.3.1.1　粉碎格栅

（1）功能简介

粉碎格栅设置于武汉大东湖项目沙湖提升泵站提升泵前部，用来将污水中的大块杂物通过机构破碎的方式分解成不影响泵功能和安全的小块栅渣，并通过高位水池输送至二郎庙预处理站细格栅前，通过后续的细格栅间、曝气沉砂池、精细格栅间将污水中破碎的栅渣进行分离和压缩并送外集中处置。

（2）工作原理

粉碎格栅机由电机、减速机、机身、转鼓、刀具、轴和机座组成（图 3.3）。电机启动后，刀具及立式转鼓同时不等速转动，污水中的固体漂浮物随着污水进入转鼓区后被旋转的栅网截留并送到切割区，两组差速转动的刀具迅速进行轴向和径向切割，将其粉碎成 6～12 mm 的小颗粒，大部分其他污水和微小颗粒直接通过转鼓区，与粉碎后的小颗粒一起，随水泵抽水一起流走。

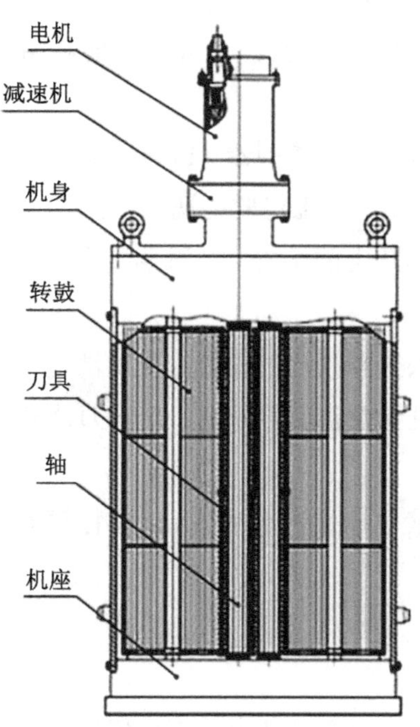

图 3.3　沙湖提升泵站粉碎格栅机结构

（3）日常运行管理要点

① 技术指标。

a. 污水通过栅网的前后水位差宜小于 0.3 m。

b. 格栅机有效拦截污水中大粒径杂物。

c. 栅前流速一般为 0.4～0.6 m/s，过栅流速控制在 0.6～1.0 m/s。

② 运行模式。

a. 通过投用时间、间隔时间设置实现自动化运行，时间设置可通过工控机编程或电控柜时间继电器设置实现。

b. 通过液位差计检测栅前水深、栅后水深差值达到设定值，自动运行除渣。

c. 两种运行方式，满足其一即可自动运行。

d. 时间、格栅前后水位差设定值根据预处理站实际运行情况确定。

③ 日常运行管理内容。

a. 根据进水流量和工艺调度，开启格栅前后进出水闸门。

b. 按工艺要求开启格栅机的台数，正常运行时将格栅机控制柜置于自动状态和远程状态。

c. 粉碎格栅机由可编程逻辑控制器（Programmable logic controller，PLC）控制自动运行，运行周期可调，人工定期巡视。

d. 应及时清除切割刀片上的杂物；当汛期及进水量增加时，应加强巡视，增加清污次数。

e. 根据实际情况，人工清捞出的栅渣应及时清运，保持格栅间地面清洁。

f. 巡视时注意观察机电设备运转情况、切割刀片磨损情况，发现故障应立即停车检修。

g. 巡视时注意观察液位计是否正常显示，格栅渠液位高度与液位计、液位差计高度是否相符。

（4）安全操作要求

① 启动前条件确认。

a. 开启格栅前，操作人员必须断电检查格栅机电源接线有无异常、接地线有无松脱等情况。

b. 检查格栅齿有无变形或较大杂物，如有异常应处理后再启动。

c. 检查减速机的齿轮油位情况是否在规定的要求范围内。

② 操作步骤。

检查粉碎格栅机正确操作流程如下：

a. 确定控制箱已通电，复位紧急停止开关。

b. 打开控制箱门，闭合空气总开关及各回路空气开关，看电源指示灯是否已亮。

c. 在电源指示灯正常的情况下，检查操作按钮的状态，可进行以下操作。

“手动”“远程”“停止”3 种运行方式可供选择。“手动”是现场操作运行；“远程”由 PLC 根据前后水位差或时间间隔在中控室微机上对粉碎格栅机进行启停的控制，粉碎格栅机会按现场 PLC 里面的控制程序自动运行；“停止”是粉碎格栅机停止运行。“手动”用于检修、维护保养、处理较大异物和紧急故障时使用，运行状态置于“手动”，启动机组，观测机组各部分运转情况，无异常声响、振动。

关机。自动运行时在中控室按下停止按钮；当自动运行需现场紧急停机时，应将旋钮开关手动调至“停止”挡，或者直接按下“急停”按钮。现场操作完毕后，随手关闭控制箱门。

③ 其他要求。

a. 清理粉碎格栅上的杂物或处理异常时，应两名以上人员协力操作，并做好有限空间作业条件下相关气体监测、通风等安全措施。

b. 处理异常时，电源开关处应挂警示标识牌和有专人监护。

c. 操作电源开关或按钮时，不得用湿手操作，以防漏电伤人。

（5）维护保养要求

① 维护保养内容及周期（表 3.1）。

表 3.1　武汉大东湖深隧项目提升泵站粉碎格栅机日常维护保养要求

序号	保养检查内容	周期	级别
1	检查运转时声音、振动、卡阻有无异常	每天	日常点巡检
2	检查粉碎格栅机前是否有大块杂物影响运行	每天	日常点巡检
3	检查外部机构、支架是否松动、变形	每天	日常点巡检

序号	保养检查内容	周期	级别
4	检查电控系统是否有高温、异味及异常报警	每天	日常点巡检
5	吊出格栅设备，检查刀片是否有缺失、磨损，并对缺失、磨损的刀片进行更换	3 个月	一级保养
6	吊出格栅设备，检查齿轮箱油位，是否存在漏油、外部污水进入及润滑油乳化等情况，必要时更换密封、润滑油	6 个月	一级保养
7	吊出格栅设备，检查电机的绝缘性能	6 个月	一级保养
8	检查现场控制柜、电机、减速机等点蚀、腐蚀，并及时处理	每年	二级保养
9	检测设备，包括电流、接地电阻、绝缘电阻等参数	每年	二级保养
10	保养现场控制柜，清灰、干燥、紧固、更换锈蚀氧化的接线端子或铜鼻子或螺丝，更换损坏电气元件等	每年	二级保养
11	检查测量格栅固定支架、吊架是否存在变形、腐蚀，并及时进行校正、防腐或更换	每年	二级保养
12	将设备解体、整机大修，对设备内部进行清洁、测量、校正，检查易损件磨损情况，并更换	每 2 年	二级保养

注：本书所提及的一级保养是指以清洁、清扫、紧固、润滑、校准等常规维护为主要作业项目，项目内容简单、专业性要求不高、保养周期较短，一般由操作人员实施，设备人员配合、验收。

二级保养是指以精度调整、零部件更换、整体解体检修、系统备份升级等专业维护为主要作业项目，项目内容负责、专业性要求高、检修保养周期较长、需专业指导。一般由设备人员或厂家技术专业人员实施，操作人员配合，多方共同验收。

② 润滑要求。

润滑油更换部位主要为减速机箱、轴承，按照减速机箱、轴承维护保养技术规范做好润滑油（脂）的更换。

减速机箱使用润滑油，要求如下：

a. 第一次更换润滑油时间一般为 1 个月或运转 300 h。

b. 每工作 10 000 h 或最迟 2 年更换一次润滑油，更换润滑油时清洗齿轮，具体标号参照产品说明书；使用合成油，换油时间间隔延长至 2 倍；若工作环境恶劣，应缩短换油时间间隔。

c. 务必保持通气阀通畅，避免因减速机内部压力过大而发生漏油。

d. 切忌不同类型的润滑油混用，润滑油添加位置应距油位孔螺纹底部 10 mm

以内。

电机滚动轴承、减速机滚动轴承清洗要求如下：

a. 去除电机灰尘，避免电机过热；拆下耐磨轴承，用煤油进行清洗，并重新涂上润滑脂；确认 1/3 轴承支架均匀涂布润滑脂。

b. 电机滚动轴承、减速机滚动轴承清洗周期一般为两年 1 次。

c. 平时运转时用油枪添加，一般每年清洗一次，将轴承拆卸并用柴油擦洗干净、组装好，再添加润滑脂。

③ 常规备品备件储备。

根据污水深隧系统提升泵站运行特点及工况，粗格栅间的粉碎格栅的常规备品备件按照马达、减速机、轴承、导轨、切割刀片等进行储备。

④ 运行中可能出现的故障及应对方法（表 3.2）。

表 3.2　武汉大东湖深隧项目提升泵站粉碎格栅机运行故障及应对方法

故障现象	可能原因	应对方法
运行中有杂音或振动	① 格栅的装置基础不够牢固或螺母松动； ② 进水状态不稳定； ③ 格栅有杂质堵塞	① 加固基础，拧紧螺栓并检查中心和间隙； ② 调整进水状态； ③ 清除杂物，用水清洗
不能启动或熔丝熔断	① 绕组、接头或电缆断路； ② 格栅堵塞； ③ 漏电或漏水； ④ 断路	① 用欧姆表检查； ② 切断电源，清除杂物； ③ 检查绝缘，若低于规定值必须进行烘干； ④ 检查维修后使用
启动后断路器、过载器断开	① 电压低； ② 电压高； ③ 电机接线不对或接头混淆； ④ 控制柜电气故障	① 暂时不适用或因为线路过长，压降过大； ② 装变压器，将电压调至规定值； ③ 调整接线和接头； ④ 检查并更换电气件

3.1.3.1.2　钢丝绳牵引格栅机

（1）功能简介

钢丝绳牵引格栅机设置于武汉大东湖项目二郎庙、落步嘴、武东预处理站提升泵前部，用来去除污水中大于 20 mm 的杂物，并通过皮带运输机进行集中收集送外处置，确保提升泵运行安全。

（2）工作原理

钢丝绳牵引格栅机主要由除污齿耙、提升装置、地面机架、固定栅条、撇渣机构和运输皮带等部件组成（图 3.4）。

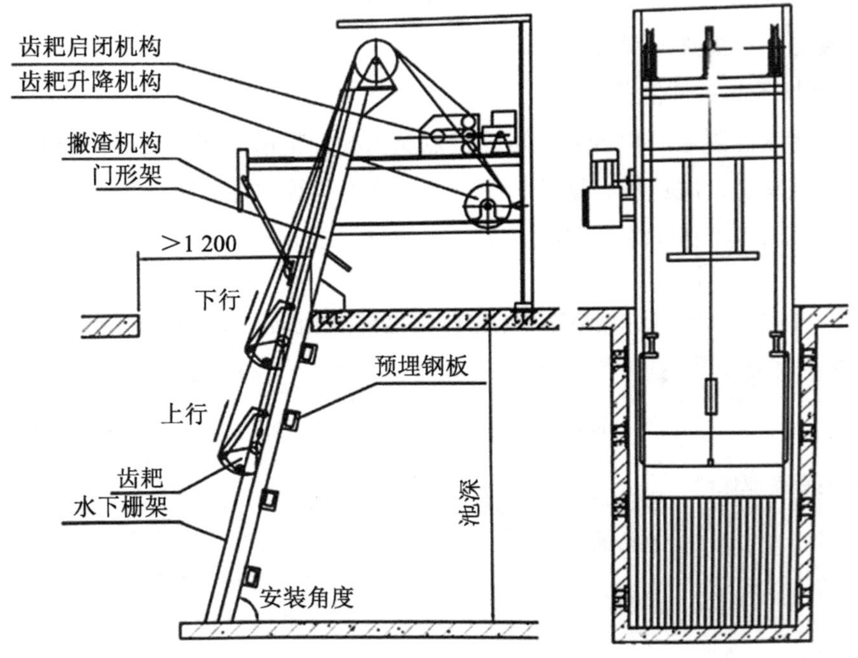

图 3.4　钢丝绳牵引格栅机结构

停机时除污齿耙总是停在其上行程的终点位置，即回到起始位置，开机时提升电动机按下行方向运转，而除污齿耙靠每边一根钢丝绳吊着向下移动。与此同时，启闭电机装置使中间钢丝绳缩短并使齿耙向后提起，提升装置的转动过程由接近限位开关并靠启闭电机机构予以保持，除污齿耙下降至槽底稍上的地方，这里有固定的挡块，是除污齿耙行程的终点。

当除污齿耙接触到池底，提升钢丝绳放松，松绳平衡器向下摆动，使平衡器开关动作提升电动机转向提升，耙齿转向闭合，齿尖稳妥地插入栅缝，齿根紧贴栅面，抓斗抓取槽底沉积物，上行时将栅缝和栅面上的污物统统刮落耙中，到达门形架上方一定位置后，污物在重力和刮渣耙的双重作用下下落，并由运输皮带送走。

除污齿耙装有过载安全开关，过载时将自动停止机器运作。

（3）日常运行管理要点

① 根据进水流量和工艺调度，开启格栅前后进出水闸门。

② 按工艺要求开启格栅机的台数，正常运行时将格栅机控制柜置于自动状态或远程状态。

③ 钢丝绳牵引格栅机及配套栅渣压榨机由 PLC 控制自动运行，运行周期可调；人工定期巡视。

④ 应及时清除栅条、格栅出渣口及机架上悬挂的杂物；当汛期及进水量增加时，应加强巡视，增加清污次数。

⑤ 清捞出的栅渣，应及时清运，保持格栅间地面清洁。

⑥ 运行巡视时，注意观察机电设备的运转情况、格栅机钢丝绳磨损情况，发现故障应立即停车检修。

⑦ 运行巡视时，注意观察液位计是否正常显示，格栅渠液位高度与液位计、液位差计高度是否相符。

（4）安全操作要求

① 启动前条件确认。

a. 确认皮带运输机张紧合适，且无跑偏情况，皮带转动方向与栅渣运送方向一致。

b. 检查牵引钢丝绳张紧是否合适，控制钢丝绳是否处于张紧状态，确保两根牵引钢丝绳张紧一致，耙车位置水平。

c. 检查耙车行走轨道上有无异物，耙车行走轮与轨道接触良好，至少应有 3 个行走轮与轨道接触。

d. 检查 3 个钢丝绳卷扬有无异常，钢丝绳缠绕合理，无打结、扭曲等情况发生。

e. 检查各润滑点是否润滑到位、油位是否正常。包括钢丝绳表面、各齿轮电机、皮带电机和张紧转向辊及其他需要润滑的部位。

f. 检查各极限开关位置是否正常、功能是否完好。

g. 手动点动各电机，确保操作手柄指示方向与设备实际运行方向一致。

② 自动运行。

a. 查看齿耙的初始位置，当齿耙位于最高位时，钢丝绳牵引格栅机的完整周期动作流程如下：

耙齿位于初始位置（最高位）→齿耙下降→短暂延时 3 s 后开耙→齿耙降到位（最低位）→关齿耙→齿耙上升→齿耙至最高位停止（同时推渣板推下垃圾）→启动皮带输送机（运行 1～3 min）。

b. 确定控制箱已通电，旋开紧急停止开关。

c. 打开控制箱门，闭合空气总开关及各回路空气开关，看电源指示灯是否已亮。

d. 在电源指示灯正常的情况下，检查急停按钮状态时，可进行以下操作。

“手动”“远程”“停止”3 种运行方式可供选择。“手动”是现场操作运行；“远程”由 PLC 根据前后水位差或时间间隔在中控室微机上对钢丝绳牵引格栅机进行启停的控制，钢丝绳牵引格栅机会按现场 PLC 里面的控制程序自动运行；“停止”是钢丝绳牵引格栅机停止运行。“手动”用于检修、维护保养、处理较大异物和紧急故障时使用，运行状态置于“手动”，启动机组，观测机组各部分运转情况，无异常声响和振动。在“手动”状态下，手动操作按钮“上升”“下降”“开耙”“关耙”严格按照钢丝绳牵引格栅机里的正常动作流程操作即可；本机正常运行时，应处于“远程”状态，皮带运输机也应处于“自动”状态。

关机。自动运行时在中控室按下停止按钮；自动运行时需现场紧急停机时，应将旋钮开关手动调至“停止”挡，或者直接按下“急停”按钮。现场操作完毕后，随手关闭控制箱门。

③ 手动操作。

a. 对于新安装、大修后或长时间未使用的钢丝绳牵引格栅机，在投入运行前都应进行点动试运转，发现异常情况及时停机处置。

b. 手动操作按钮，启动皮带运输机，观察运转方向是否与栅渣输送方向一致，查看皮带是否在皮带辊中间位置且无明显跑偏现象。

c. 手动操作按钮，向下运行耙车，观察耙车是否向下动作，若无动作或耙车运行方向错误，应立即停机检查。

d. 继续向下运行耙车，直至耙车到位信号显示到位，此时观察耙车是否落到位及耙车是否卡阻和两侧牵引钢丝绳状态是否正常。

e. 手动操作耙齿开合按钮，观察耙齿闭合信号是否正常，随后向上操作耙车运行。注意观察耙车运行过程中是否有异响，钢丝绳是否单侧松动，耙齿是否完全接触栅条等。

f. 耙车运行至顶部后，观察栅渣位置是否正确。

g. 打开耙齿，停止运行，观察各部位能否保持当前状态。

h. 皮带机上的栅渣完全送至垃圾箱后，关闭皮带运输机。

i. 关闭操作电源。

④ 其他要求。

a. 人员在清理格栅上难以去除的杂物或处理异常时，应有 2 名及以上人员协力操作。

b. 处理异常时，电源开关处应挂警示标识牌和有专人监护。

c. 操作电源开关或按钮时，不得以湿手操作，以防漏电伤人。

（5）维护保养要求

① 维护保养内容及周期（表 3.3）。

表 3.3　武汉大东湖深隧项目预处理站钢丝绳牵引格栅机日常维护保养要求

序号	保养检查内容	周期	级别	备注
1	检查运转时声音、振动、卡阻有无异常	每天	日常点巡检	—
2	检查传动齿轮箱是否漏油	每天	日常点巡检	—
3	检查钢丝绳状态和运动部件有无明显变形	每天	日常点巡检	—
4	检查皮带有无跑偏，皮带表面有无破损，皮带辊与皮带间有无异物卷入	每天	日常点巡检	—
5	检查皮带接头是否有开裂，对皮带转向辊轴承座加油润滑	每月	一级保养	—
6	检查钢丝绳表面断丝情况，检查钢丝绳与机构间的接头情况，钢丝绳两侧长度调整，并对钢丝绳表面加油润滑	每月	一级保养	—
7	卷扬主轴加油润滑、补油	3 个月	一级保养	—
8	各转向滑轮、行走轮表面检查，皮带电机油位检查	3 个月	二级保养	—

序号	保养检查内容	周期	级别	备注
9	各位置极限检查、电缆表面检查	3个月	二级保养	—
10	耙齿与栅条距离调整（4～5 mm），刮泥橡胶刮板检查更换	3个月	二级保养	—
11	主传动齿轮电机及耙齿开合齿轮电机油位检查、补油	6个月	二级保养	—
12	格栅整体检查：栅条变形情况，各紧固件是否松动，水下部分表面腐蚀情况，钢丝绳检查更换，电机制动抱闸调整	每年	二级保养	—
13	主传动齿轮电机、耙齿开闭电机、皮带传动电机换油	3年或5年	二级保养	根据油品，合成油5年

② 润滑要求。

a. 传动机构。

耙车升降SEW齿轮电机：润滑油680#，油量10.8 L，每6个月检查一次油位，每3～5年更换一次润滑油。

耙齿开闭SEW齿轮电机：润滑油220#，油量6 L，每6个月检查一次油位，每3～5年更换一次润滑油。

b. 运输皮带。

辊筒电机：首次使用200 h后换油，正常使用情况下每5 000 h换油，油号为L-AN32或L-AN68。

皮带转向辊轴承：属室外设备，建议每个月加油一次，油号为EP-2。

c. 牵引机构。

钢丝绳：接触污水部分，每周抹一次干油；水上部分，每个月抹一次干油，油号为EP-2。

非标机构：卷扬轴每3个月加油一次，其他行走装置每个月加油一次，油号为EP-2。

③ 常规备品备件储备。

根据污水深隧系统预处理站运行特点及工况，粗格栅间的钢丝绳牵引格栅常规备品备件一般按照齿轮电机、轴承、钢结构、行走轮、钢丝绳、刮板等进行储备。

④ 运行中可能出现的故障及应对方法（表3.4）。

表3.4　武汉大东湖深隧项目预处理站钢丝绳牵引格栅机运行故障及应对方法

故障现象	可能原因	应对方法
向下动作后不久开始转向提升，清污机构打开	① 控制钢丝绳过短； ② 由钢丝绳造成清污机构不水平； ③ 清污机构碰到浮渣层； ④清污机构达不到槽底部； ⑤清污机构碰到厚沉渣	① 调整限位开关； ② 调整开关； ③ 调整清污机构钢丝绳； ④ 清理栅渣； ⑤ 反复操作几个行程
清污机构在向下动作时关闭	① 控制钢丝绳折断； ② 启闭电机出现故障； ③ 行程开关调整不正确	① 更换钢丝绳； ② 检查启闭电机； ③ 调整行程开关（接近开关距离）
传动装置停止	① 提升电动机过载； ② 提升钢丝绳长度不一致； ③ 清污机构卡住； ④ 清污机构过载； ⑤ 水位差太大； ⑥ 钢丝绳折断	① 电压太低，检查供电电压； ② 调整清污机构钢丝绳； ③ 人工清理格栅； ④ 人工清理格栅； ⑤ 人工清理格栅； ⑥ 更换钢丝绳
清污机构未能完全关闭，清理格栅很差	控制钢丝绳调整装置错误	调整钢丝绳
铁齿接触挡板平面	铁齿与挡板距离不合规定	调整滚轮距离
刮污机构排出物料工作很差	① 与清污机构的配合位置不当； ② 清污机构不保持水平； ③ 刮污机构刮板不能扫至铁齿端	① 重新调整螺钉； ② 调整钢丝绳； ③ 更换刮板、重新调整螺钉
上下行程中清污机构突然倾斜	钢丝绳出滚筒外	手动控制并将钢丝绳重新装好

3.1.3.2　提升泵房

武汉大东湖深隧项目涉及两种类型的提升泵，即潜水离心泵和潜水轴流泵，用于将污水提升至预处理段。这两种类型的潜水泵虽然结构和工作原理不同，但日常运维要求基本类似，只是部分涉及具体的操作和检修细节存在差异。提升泵房布局见图3.5。

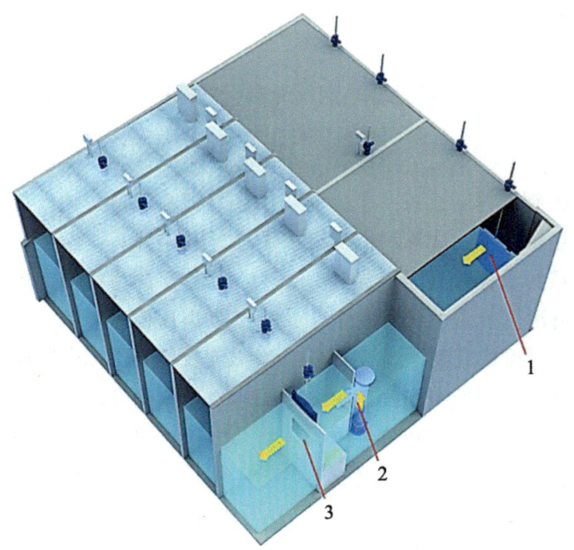

1—粗格栅出水闸门；2—提升泵；3—出水闸门。

图 3.5 武汉大东湖深隧项目预处理站提升泵房布局

3.1.3.2.1 潜水离心泵

（1）功能简介

武汉大东湖深隧项目沙湖提升泵站提升泵和武东预处理站提升泵，由于污水流量不大但提升高程较高，因此选用潜水离心泵。主要负责提升进入站内的污水，为后续处理工艺提供水能，使污水能通过重力差流过各预处理单元，进而汇入竖井跌落于输水深隧内，确保工艺流程顺利进行。

（2）工作原理

潜水离心泵设计为轴向流入、径向流出形式。水力部件安装在电机轴伸端，轴在公共轴承中运行，潜水离心泵结构见图 3.6。液体通过进水管 6 轴向流入泵内，通过旋转叶轮 7 加速向外流出。在流道内液体的动能被转化为压力能。液体被输送到出水管 2，并从出水管 2 径向离开泵。泵体密封环 1 防止液体从进水管回流到泵进水管中。从叶轮背面，轴 4 通过压出端盖 3 进入泵壳。穿过压出端盖的轴利用轴封 8 与空气隔绝进行密封。轴运行在泵端轴承 9 和电机端轴承 10 中，这些轴承通过轴承托架 5 连接到泵壳或压出端盖上。

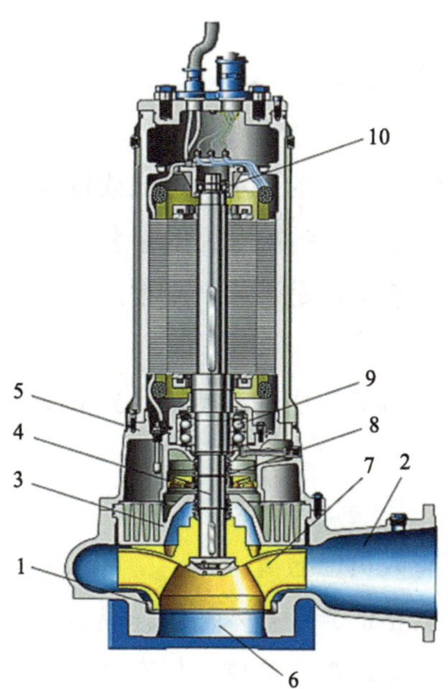

1—泵体密封环；2—出水管；3—压出端盖；4—轴；5—轴承托架；6—进水管；7—叶轮；8—轴封；9—泵端轴承；10—电机端轴承。

图 3.6　潜水离心泵结构

（3）日常运行管理要点

① 潜水离心泵可以选择以下几种运行模式。

a. 通过液位设置实现自动化运行，液位设置可通过工控机编程。

b. 通过时间设置实现水泵自动切换。

c. 启泵液位、增泵液位、停泵液位设定值根据预处理站实际运行情况确定。

② 水泵自动运行或根据工艺调度安排启停，人工巡视。

③ 当泵房突然断电或设备发生重大事故时，在岗员工应立刻报警，并启动应急预案。

④ 巡视中应观察各种仪表显示是否正常、稳定；轴承温升不得超过环境温度35℃或设定的温度；水泵机组不得有异常的声响或振动。

⑤ 水泵运行中发现下列情况时，必须立即停机。

a. 水泵发生断轴故障。

b. 电机发生严重故障。

c. 突然发生异常声响或振动。

d. 轴承温升过高。

e. 电压表、电流表、流量计的显示值过低或过高。

f. 机房管线进出水管道和闸阀发生大量漏水。

⑥ 巡视时，注意观察液位计是否显示正常，水池液位高度与液位计高度是否相符。

⑦ 观察提升泵出水口流量、压力等状况，判断提升泵工况是否正常。

（4）安全操作要求

① 启动前条件确认。

a. 泵运行区域内所有人员已撤离。

b. 操作人员已通过合格的专业技术培训，具备相关操作技能。

c. 所有的安全防护措施均准备到位，如安全栏杆、设备防护罩等。

d. 所有与泵工作相关的能源介质均满足设计要求。

e. 泵组已按照规定连接了所有保护装置。

f. 泵已填充输送介质且已排气。

g. 泵旋转方向正确。

h. 有辅助接线都已连接，并且功能正常。

i. 泵已润滑，并且润滑油量正常。

j. 水位高于泵的工作液位，最好完全淹没。

② 操作步骤。

a. 保持泵进水管畅通。

b. 完全关闭或稍稍打开泵出水管截止阀。

c. 确定控制箱已通电，旋开紧急停止开关。

d. 打开控制箱门，闭合空气总开关及各回路空气开关，看电源指示灯是否已亮。

e. 在电源指示灯正常的情况下，检查急停按钮状态时，可进行以下操作。

“手动”“远程”“停止”3 种运行方式可供选择。“手动”是现场操作运行；“远程”由 PLC 根据泵房水位在中控室微机上对离心泵进行启停的控制，离心泵会按现场 PLC 里面的控制程序自动运行；“停止”是离心泵停止运行。“手动”用于检修、维护保养或紧急故障时使用，运行状态置于“手动”，启动机组，观测机组各部分运转情况，无异常声响或振动；本机正常运行时，应处于“远程”状态。

达到转速后立即缓慢打开泵出水管截止阀，调节到运行点。

关机。关闭泵出水管截止阀；点击关闭并确保泵组平稳减速直至停机；自动运行时在中控室按下停止按钮；当自动运行需现场紧急停机时，应将旋钮开关手动调至“停止”挡，或者直接按下“急停”按钮。现场操作完毕后，随手关闭控制箱门。

（5）维护保养要求

① 维护保养内容及周期（表 3.5）。

表 3.5　武汉大东湖深隧项目预处理站大型潜水离心泵日常维护保养要求

序号	保养检查内容	周期	级别	备注
1	检查运转时声音、振动有无异常	每天	日常点巡检	—
2	起重链的检查更换	每年	二级保养	—
3	电气连接线的检查更换	每年	二级保养	—
4	绝缘电阻测量	每年	二级保养	—
5	电机轴承加油	每年	二级保养	—
6	传感器检测	每 2 年	二级保养	—
7	机械密封泄漏检查	每 2 年	二级保养	—
8	机械密封润滑油更换	每 2 年	二级保养	—
9	整体解体检修保养	每 5 年	二级保养	—

② 润滑要求。

a. 轴承润滑要求。泵组驱动侧滚动轴承为密封轴承，免油脂保养。泵侧轴承（角接触球轴承）可补充润滑脂，并且在保养中必须补充润滑脂。可在每年一次的保养工作中提前补充润滑脂。添加润滑脂的型号为 2#锂基脂，每次添加润滑脂的量为 200 g。

b. 机械密封润滑要求。泵每运行 8 000 h 更换一次机械密封润滑油，但至少每两年更换一次。机械密封润滑油的型号为 SAE 10W 或类似性能润滑油，每次加注量为 5 L。

③ 常规备品备件储备。

根据污水深隧系统预处理站运行特点及工况，潜水离心泵常规备品备件一般按照机械密封、轴承、O 形圈、密封型动力电缆等进行储备。

④ 运行中可能出现的故障及应对方法（表 3.6）。

表 3.6　武汉大东湖深隧项目预处理站大型潜水离心泵运行故障及应对方法

故障现象	可能原因	应对方法
启动后不出水	① 泵和管道没有完全排气； ② 泵入口因堆积物而堵塞； ③ 升液管损坏（管道和密封垫圈）； ④ 无电压存在； ⑤ 电机绕组损坏； ⑥ 因绕组温度过高导致绕组监控仪的温度监控装置关闭； ⑦ 因绕组温度超出允许范围导致带重合闸连锁装置热敏脱扣器脱扣； ⑧ 泵相关检测装置连锁保护	① 排气，从支脚弯头上取下泵并再次放置； ② 清洁入口、泵零件和止回阀； ③ 更换损坏的升液管和密封垫圈； ④ 检查电气安装状况； ⑤ 更换电机绕组； ⑥ 冷却后，泵会自动再次开启； ⑦ 检查复位处理； ⑧ 检查泵检测元件状态，查看泵实际对应的装置是否存在问题
出水量过少	① 泵输送时存在过高压力； ② 过滤网阻塞； ③ 出水阀没有完全打开； ④ 磨损； ⑤ 升液管损坏（管道和密封垫圈）； ⑥ 输送介质混有不允许的空气或气体； ⑦ 电源电压太低； ⑧ 旋转方向错误； ⑨ 电压不足； ⑩ 使用星-三角连接时电机仅在星形阶段运行	① 重新调整运行； ② 清洁入口、泵零件和止回阀； ③ 完全打开阀门； ④ 更换磨损的零件； ⑤ 更换损坏的升液管和密封垫圈； ⑥ 加深潜水泵的潜水深度，保证不吸空； ⑦ 降低扬程； ⑧ 检查电机的电气连接和（如有必要）控制系统； ⑨ 检查电源供给线、导线连接； ⑩ 检查星-三角接触器
电流/功率消耗太大	① 泵在非允许的工作区域内运行（部分负载/过载）； ② 叶轮转动受阻； ③ 磨损； ④ 旋转方向错误	① 检查泵的运行数据； ② 检查叶轮转动情况，必要时清洁叶轮； ③ 更换磨损的零件； ④ 检查电机的电气连接和（如有必要）控制系统

故障现象	可能原因	应对方法
扬程过低	① 泵入口因堆积物而堵塞； ② 磨损； ③ 升液管损坏（管道和密封垫圈）； ④ 输送介质混有气体； ⑤ 旋转方向错误； ⑥ 电压不足； ⑦ 使用星-三角连接时电机仅在星形阶段运行	① 清洁入口、泵零件和止回阀； ② 更换磨损的零件； ③ 更换损坏的升液管和密封垫圈； ④ 保证泵运行水深； ⑤ 检查电机的电气连接和（如有必要）控制系统； ⑥ 检查电源供给线、导线连接； ⑦ 检查星-三角接触器
泵运行噪声大	① 泵在非允许的工作区域内运行（部分负载/过载）； ② 泵入口因堆积物而堵塞； ③ 叶轮转动受阻； ④ 磨损； ⑤ 输送介质混有不允许的空气或气体； ⑥ 设备本身机械振动，轴承损坏； ⑦ 旋转方向错误	① 检查泵的运行数据； ② 清洁入口、泵零件和止回阀； ③ 检查叶轮转动情况，必要时清洁叶轮； ④ 更换磨损的零件； ⑤ 保证泵运行水深； ⑥ 打开检查； ⑦ 检查电机的电气连接和（如有必要）控制系统

3.1.3.2.2 潜水轴流泵

（1）功能简介

武汉大东湖深隧项目二郎庙预处理站提升泵、落步嘴预处理站提升泵，由于流量较大但提升高程较低，因此选用潜水轴流泵。主要负责提升进入站内的污水，为后续处理工艺提供水能，使污水能通过重力差流过各预处理单元，进而汇入竖井跌落于输水深隧内，确保工艺流程顺利进行。

（2）工作原理

潜水轴流泵设计为轴向流入、轴向流出形式（图 3.7）。液体通过吸入管（进水喇叭）1 轴向进入泵体，经过旋转的叶轮 2 旋转加速后排出。这个过程所需要的能量由电机 4 通过轴 5 传递给叶轮 2。在导叶体 3 中流体的动能转化为压力能，同时液体由旋转运动转化为轴向运动。主动轴用一个朝向液体的轴封 10 进行密封。轴 5 在由轴承室 9 和轴承托架 7 所支撑的电机端轴承 6 和泵端轴承 8 内滚动运转。

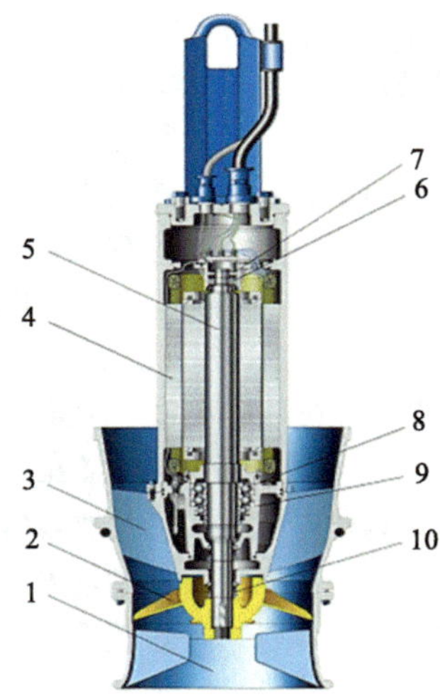

1—吸入管；2—叶轮；3—导叶体；4—电机；5—轴；6—电机端轴承；7—轴承托架；8—泵端轴承；9—轴承室；10—轴封。

图 3.7　潜水轴流泵结构

（3）日常运行管理要点

① 潜水轴流泵可以选择以下几种运行模式。

a. 通过液位设置实现自动化运行，液位设置可通过工控机编程。

b. 通过时间设置实现水泵自动切换。

c. 启泵液位、增泵液位、停泵液位设定值根据预处理站实际运行情况确定。

② 水泵自动运行或根据工艺调度安排启停，人工巡视。

③ 当泵房突然断电或设备发生重大事故时，在岗员工应立刻报警，并启动应急预案。

④ 巡视中应观察各种仪表显示是否正常、稳定；轴承温升不得超过环境温度35℃或设定的温度；水泵机组不得有异常的声响或振动。

⑤ 水泵运行中发现下列情况时，必须立即停机。

a. 水泵发生断轴故障。

b. 电机发生严重故障。

c. 突然发生异常声响或振动。

d. 轴承温升过高。

e. 电压表、电流表、流量计的显示值过低或过高。

f. 机房管线进出水管道、闸阀发生大量漏水。

⑥ 巡视时应注意观察液位计是否正常显示，水池液位高度与液位计高度是否相符。

⑦ 观察提升泵出水口流量、压力等状况，判断提升泵工况是否正常。

（4）安全操作要求

① 启动前条件确认。

a. 泵运行区域内所有人员已撤离。

b. 操作人员已通过合格的专业技术培训，具备相关操作技能。

c. 所有的安全防护措施均准备到位，如安全栏杆、设备防护罩等。

d. 所有与泵工作相关的能源介质均满足设计要求。

e. 泵组已按照规定连接了所有保护装置。

f. 泵旋转方向正确。

g. 所有辅助接线都已连接，并且功能正常。

h. 泵已润滑，并且润滑油量正常。

i. 水位高于泵的工作液位，最好完全淹没。

② 操作步骤。

a. 打开轴流泵出水管道上的阀门，确保出水畅通。

b. 确定控制箱已通电，复位紧急停止开关。

c. 打开控制箱门，闭合空气总开关及各回路空气开关，看电源指示灯是否已亮。

d. 在电源指示灯正常的情况下，检查操作按钮的状态，可进行以下操作。

“手动”“远程”“停止”3 种运行方式可供选择。“手动”是现场操作运行；“远程”由 PLC 根据泵房水位在中控室微机上对轴流泵进行启停的控制，轴流泵会按现场 PLC 里面的控制程序自动运行；“停止”是轴流泵停止运行。“手动”用于检修、维护保养或紧急故障时使用，运行状态置于“手动”，启动机组，观测机组各部分运转情况，无异常声响或振动；本机正常运行时，应处于“远程”状态。

关机。点击关闭并确保泵组平稳减速直至停机；自动运行时在中控室按下停止按钮；自动运行需现场紧急停机时，应将旋钮开关手动调至“停止”挡，或者直接按下“急停”按钮。现场操作完毕后，随手关闭控制箱门。

（5）维护保养要求

① 维护保养内容及周期（表 3.7）。

表 3.7　武汉大东湖深隧项目预处理站大型潜水轴流泵日常维护保养要求

序号	保养检查内容	周期	级别
1	检查运转时声音、振动有无异常	每天	日常点巡检
2	起重链的检查更换	每年	二级保养
3	电缆及接地线的检查更换	每年	二级保养
4	绝缘电阻测量	每年	二级保养
5	传感器检测	每 2 年	二级保养
6	机械密封泄漏检查	每 2 年	二级保养
7	机械密封润滑油更换	每 2 年	二级保养
8	整体解体保养（含密封轴承）	每 5 年	二级保养

② 润滑要求。

a. 轴承润滑要求。武汉大东湖深隧项目潜水轴流泵内部轴承为密封轴承，无须定期加油润滑。但在设备解体保养时可补充润滑脂，并且在保养中轴承未更换的前提下必须补充润滑脂。添加润滑脂的型号为 $2^{\#}$锂基脂，每次添加润滑脂的量为电机端 30 mL，叶轮端 600 mL。

b. 机械密封润滑要求。泵每运行 8 000 h 更换一次机械密封润滑油，但至少每两年更换一次。机械密封润滑油的型号为 SAE 10W 或类似性能润滑油，每次加注量为 2.2 L。

③ 常规备品备件储备。

根据污水深隧系统预处理站运行特点及工况，潜水轴流泵常规备品备件一般按照机械密封、轴承、温度传感器、泄漏传感器、密封型动力电缆等进行储备。

④ 运行中可能出现的故障及应对方法（表 3.8）。

表 3.8 武汉大东湖深隧项目预处理站潜水轴流泵运行故障及应对方法

故障现象	可能原因	应对方法
电流/功率太大	① 气穴的形成导致泵吸入空气或吸入侧水位太低； ② 泵进口水流态不好； ③ 泵偏离设计工况运行流量小/过载； ④ 内部零件磨损； ⑤ 旋向错误； ⑥ 泵滚动轴承磨损或损坏	① 提高进水侧的水位； ② 优化进水室的流态； ③ 检查泵的运行参数； ④ 更换磨损零件； ⑤ 检查接线； ⑥ 更换泵轴承
扬程过低	① 泵入口因堆积物而堵塞； ② 内部零件磨损； ③ 介质中含有不允许的空气或气体	① 清理泵组件和水池； ② 更换磨损的零件； ③ 保证泵运行水深
泵运行噪声大	① 运行时水位下降过快； ② 泵负载不正常； ③ 气穴的形成导致泵吸入空气，吸入侧水位太低； ④ 泵进口水流态不好； ⑤ 泵偏离设计工况运行流量小/过载； ⑥ 泵入口被沉积物堵塞； ⑦ 内部零件磨损； ⑧ 介质中含有不允许的空气或气体； ⑨ 系统原因引起振动； ⑩ 泵转向错误； ⑪ 泵滚动轴承磨损或损坏	① 检查供水和系统流量（池底区域），检查液位控制装置； ② 提高进水侧的水位或清理拦污设备； ③ 提高进水侧的水位； ④ 优化进水室的流态； ⑤ 检查泵的运行参数； ⑥ 清理泵组件和水池； ⑦ 替换磨损零件； ⑧ 检查水位； ⑨ 检查安装及泵本身； ⑩ 检查泵的接线； ⑪ 更换泵轴承

3.1.3.3 细格栅间

（1）功能简介

武汉大东湖深隧项目预处理站（提升泵站无此类设备）细格栅间（图 3.8）采用的是内进流孔板细格栅，栅孔直径 6 mm，设置在提升泵之后、曝气沉砂池之前，用来去除污水中颗粒直径大于 6 mm 的杂物，由配置的高压冲洗装置将杂物输送至栅渣压榨机进行压缩，最终送外集中处置。

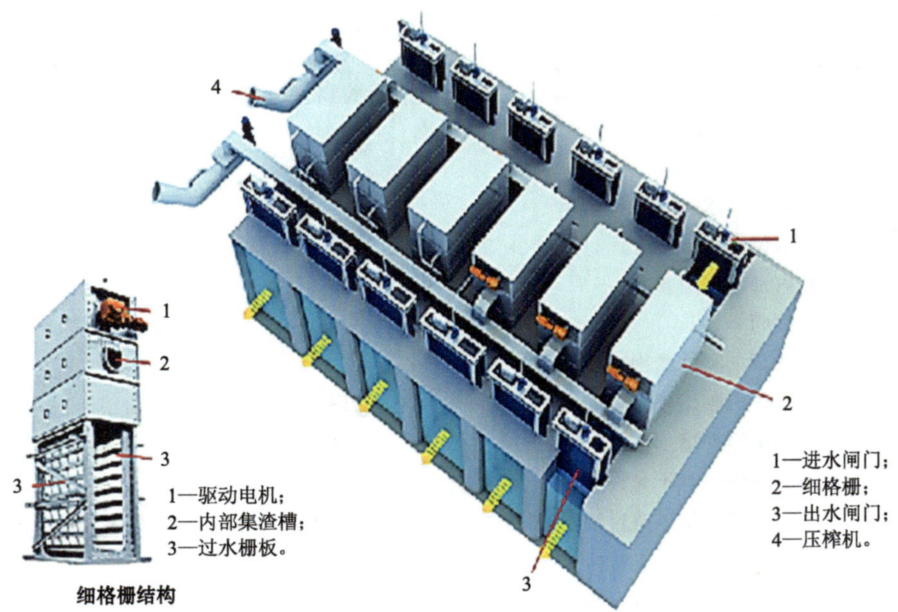

图 3.8 武汉大东湖深隧项目预处理站细格栅间布局示意图

（2）工作原理

内进流孔板细格栅由机架、驱动系统、网板系统、反冲洗系统、除渣系统及电控系统六大部分组成（图 3.9）。减速电机驱动链轮转动，链轮带动网板连续回转；污水从进水口进入格栅，经网板过滤，过滤后水流向网板外侧，杂物被截留在网板内表面，随着网板连续回转带至顶部；反冲洗系统冲洗网板外侧，在冲洗作用下杂物被冲到收渣槽，随后通过栅渣溜槽输送到栅渣压榨机中清洗压榨，获得相对清洁且干燥的固体栅渣运出厂外。

（3）日常运行管理要点

① 格栅自动运行或根据工艺调度安排启停，人工巡视，及时处置各类异常问题。

② 当格栅房突然断电或设备发生重大故障时，在岗员工应立刻报警，并启动应急预案。

③ 巡视中应观察各种仪表显示是否正常、稳定；轴承温升不得超过环境温度35℃或设定的温度；格栅及压榨机不得有异常的声响或振动。

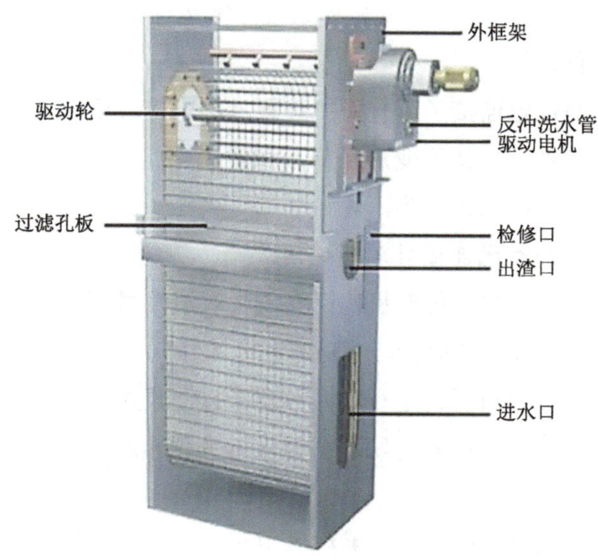

图3.9　内进流孔板细格栅结构

④ 格栅运行中发现下列情况时，必须立即停机。

a. 格栅卡阻或是跳电。

b. 电机发生严重故障。

c. 突然发生异常声响或振动。

d. 轴承温升过高。

e. 电压表、电流表、流量计的显示值过低或过高。

f. 格栅被异物缠绕。

g. 附属设备如栅渣压榨机、高压冲洗系统故障等。

⑤ 巡视时应注意观察格栅除渣效果是否正常，栅渣冲洗及跌落是否正常，栅渣出渣是否顺畅，压榨机是否卡阻，高压冲洗系统是否漏水等。

（4）安全操作要求

① 运行模式。

控制方式包括手动和自动。手动情况下，可通过就地按钮盒控制板栅运行情况。自动情况下，在接收到超声波液位仪反馈的液位信息或根据设置的时间信息，通过对电磁阀的控制自动控制板栅运行。控制系统同时联动控制增压泵、栅渣压榨机和喷淋水系统，确保旋转板式格栅系统正常运行。

② 启动前条件确认。

a. 格栅已按照规定连接了所有保护装置，供电符合要求。

b. 格栅运行部件已确认无变形及干涉和碰撞可能。

c. 格栅旋转方向已确认正确。

d. 格栅辅助接线都已连接且功能正常。

e. 格栅所有运动部件和传动机构已润滑且润滑油量正常。

f. 格栅冲洗系统可正常运行，喷嘴方向和流量均正常。

g. 格栅栅渣压榨机可正常运行，并放置了接渣设施。

h. 检查栅渣压榨机螺旋段毛刷与格栅水槽是否接触。

③ 操作步骤。

a. 为格栅系统通电，确保控制系统供电正常，检查格栅的手动启动。

b. 从旋转板式格栅的进水侧观察，确认格栅系统运行时没有异常声响或振动，且格栅栅板正常旋转（顺时针）。

c. 启动旋转板式格栅喷淋系统。

d. 将旋转板式格栅切换到自动模式，由控制系统来控制运行。

e. 慢慢地将有渣滓的水流向板式格栅，注意开启时板式格栅不得过载。

f. 当控制系统发出指令时板式格栅栅板开始旋转，板栅系统运行。观察栅渣提起、跌落和输送是否正常，通过调整格栅两侧升降螺杆，确保传动链轮运行张力和格栅板不与其他部件干涉。

g. 确认板式格栅中有栅渣，且出渣正常。检查栅渣输送电机控制面板、螺旋输送机的电压、电流是否稳定。

h. 检查栅渣压榨螺旋输送机运转方向是否正确，喷淋水的运行情况及渣料是否落入料斗中，并及时调整。

i. 将控制系统调到要求的运行设定值，观察运行情况，开始正常投入使用。

j. 关机顺序：先关闭格栅运行电机，再关闭格栅栅渣冲洗系统，最后关闭栅渣压榨输送装置。

（5）维护保养要求

① 维护保养内容及周期（表 3.9）。

表 3.9　武汉大东湖深隧项目预处理站内进流孔板细格栅日常维护保养要求

序号	保养检查内容	周期	级别	备注
1	检查运转时声音或振动有无异常及部件变形	每天	日常点巡检	—
2	检查喷淋系统组件	每月	一级保养	—
3	格栅栅板及栅框	每月	一级保养	—
4	检查轴承	每月	一级保养	—
5	检查格栅链条状况及张紧度	每月	一级保养	—
6	检查格栅外部紧固件	每月	一级保养	—
7	检查电机和变速箱	每年（初次使用 3 个月检查）	二级保养	—
8	检查联轴器	每年（初次使用 3 个月检查）	二级保养	—
9	板栅导轨组件	每年	二级保养	—
10	检查主动轴磨损	每年	二级保养	—

② 润滑要求。

a. 轴承润滑要求。内进流孔板细格栅板栅链轮轴承工况恶劣，水汽较重，因此润滑周期要求较严格，每个月应对其进行一次检查和润滑加油。添加润滑脂的型号为 MP-3 黄油（长城）或 Retinax WR 润滑脂（壳牌），每次添加润滑脂的量为旧脂溢出。

b. 齿轮箱的润滑要求。齿轮每运行 10 000 h 更换一次润滑油，但至少每两年更换一次。润滑油的型号为 XP-680（Mobil），每次加注量为齿轮箱容积的 2/3（3～4 L）。

③ 常规备品备件储备。

根据深隧系统预处理站的运行特点及工况，内进流孔板细格栅常规备品备件一般按照传动齿轮电机、链轮轴承、链节板、喷嘴、调节丝杆等进行储备。

④ 运行中可能出现的故障及应对方法（表 3.10）。

表 3.10 武汉大东湖深隧项目预处理站内进流孔板细格栅运行故障及应对方法

故障现象	可能原因	应对方法
板式格栅无法启动	① 断电。 ② 电机接线	① 检查控制系统供电是否正常。 ② 检查电机是否接线正常
无法运行报错	① 电机线路保护器问题。 ② 电机空转。 ③ 电机接触器无法关闭	① 检查控制系统支路的电机保护器。 ② 检查格栅栅板是否有链条传动故障、格栅减速器连接键是否有损坏。 ③ 检查控制系统接触器是否关闭
触摸屏上显示格栅堵塞	① 有大体积或高密度栅渣卡在栅板上。 ② 栅渣过载	① 清除污水中的大体积栅渣，检查栅板和链条传动装置是否有损坏。 ② 减少栅渣装载
格栅过载报错	① 供电超出限额。 ② 孔式格栅被堵塞。 ③ 电机损坏。 ④ 喷淋故障	① 检查电机供电的电压、电流和相位，如有必要，调整供电。 ② 检查格栅的栅渣堆积量，清除堆积。 ③ 检查电机是否损坏或润滑油是否泄漏；检查电机电源接线是否正常、电机是否短路。 ④ 格栅停止喷淋，使得栅渣堆积在板式格栅的顶部。检查格栅喷淋供水是否正常、检查喷嘴是否对齐或堵塞、检查控制系统格栅喷淋电磁阀保险丝及其电源
检查供电、电机损坏及润滑后，格栅过载报错信息仍未消除	电机短路	检查电机绕组，如电机短路需送修
格栅电机高温报错	电机损坏或被污染	检查电机是否损坏或润滑油是否泄漏；检查电机内是否有污染物堆积。如有必要，需清理电机。如电机短路需送修
电机高温报错无法重置	电机温控器故障	检查电机温控器线路连接，正常情况下闭合的温控器没有断开。如电机短路需送修
板式格栅有异响或振动	① 链条连接或导轨问题。 ② 栅板问题。 ③ 轴承问题。 ④ 减速器问题。 ⑤ 主动轴问题。 ⑥ 外壳问题	① 检查板式格栅链条连接是否到位或有损坏，如有损坏，则更换损坏的部件。 ② 检查孔式栅板是否有损坏。 ③ 检查格栅轴承是否有损坏。 ④ 检查减速器油位，如果需要，应按说明加油。 ⑤ 检查主动轴是否弯曲或断裂。 ⑥ 检查外壳是否盖紧

3.1.3.4　曝气沉砂池

（1）功能简介

曝气沉砂池由 4 条单独的廊道组成（武东预处理站采用 2 条廊道），采取 3 用 1 备（武东预处理站采用 1 用 1 备）的方式运行，每条廊道配备 2 台潜水排砂泵和 1 台排砂螺杆。污水在曝气沉砂池中停留 5～7 min，粒径大于 0.2 mm 的砂粒沉淀后，经排砂螺杆、排砂泵、砂水分离器形成较干的砂粒后，外运处置。污水中的油脂类物质气浮至液面，通过刮渣机去除。

（2）工作原理

曝气沉砂池（图 3.10）在鼓风机 3 曝气的作用下，使得污水水流在池内呈螺旋状前进，污水中的有机颗粒物处于悬浮状态，而无机颗粒物相互摩擦并承受曝气的剪切力，去除砂粒上面附着的有机污染物，同时由于水流的向心力作用，密度比水大的砂粒便沉入池底，从而得到较纯净的砂粒。另外，由于曝气的气浮作用，污水中的油脂类物质会在除渣区浮出水面，从而达到与污水分离的目的。安装在池底的排砂螺杆 4 将沉砂排至积砂坑，积砂坑内的排砂泵 5 将沉砂吸出，经砂水输送管 6 排至砂水分离器 7，砂水分离后，经挤压螺杆挤干，收集后外运。曝气沉砂池浮渣经刮渣机 8 进入栅渣压榨机 9，经压榨挤干后，收集外运处置。区域内的臭气由臭气收集管 10 进行收集并输送至除臭系统，除臭后排至大气。

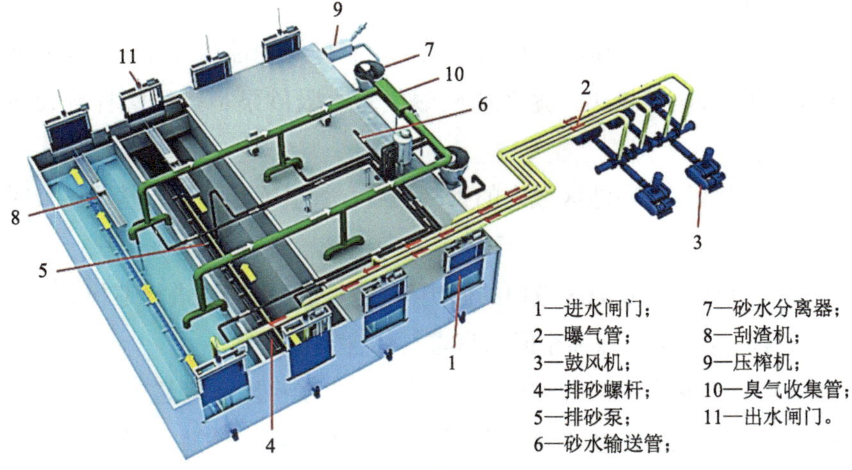

图 3.10　武汉大东湖深隧项目预处理站曝气沉砂池布局

（3）日常运行管理要点

武汉大东湖深隧项目预处理站曝气沉砂池为综合型工艺构筑物，其主要设备设施包含罗茨风机、砂水分离器、排砂螺杆及曝气沉砂池本体结构等。曝气沉砂池日常运行管理要点如下。

① 设备类运行管理要点。

a. 罗茨风机停车时须先卸压减载，输送介质的进气温度不得大于 40℃。

b. 罗茨风机介质中微粒杂质含量不得超过 100 mg/m^3，微粒最大尺寸不得超过最小工作间隙的一半，注意进风过滤网的污染状态。

c. 罗茨风机在运行过程中，齿轮和轴承必须得到充分润滑。风机的轴承和齿轮采用油润滑方式。使用过程中，润滑油的温度不得超过 65℃，轴承的温度不得超过 95℃。主、副油箱注油完毕后注油口应紧固并密封。

d. 砂水分离器应根据使用情况定期打开清理，防止底部堵塞或损坏。

e. 应重点关注排砂螺杆与曝气沉砂池池底处的密封及轴封处渗漏情况，建议定期或初始渗漏时对密封进行更换或调整。

f. 应重点关注池底曝气管道是否堵塞或脱落，以及曝气孔是否通畅等情况。

g. 应定期对栅渣压榨机进行内部清理及定期润滑保养，确保出渣正常。

h. 应根据曝气沉砂池正常运行水位，重点做好刮渣机的高度调整，确保浮渣能被刮渣机刮除。

② 构筑物运行管理要点。

a. 曝气沉砂池内各廊道应根据实际工况，制订周期性清理计划，确保池底淤泥及沉砂能及时清理并排出，避免影响曝气管、吸砂泵、排砂螺杆等设备正常工作。

b. 应定期对曝气沉砂池区域内的钢制设备、管道或结构进行检查，及时做好防锈防腐处理。

c. 应定期对曝气沉砂池区域内的固定硫化氢气体报警仪进行巡检、保养及检定，确保仪器功能正常，保障空间内有害气体含量不超标。

d. 应重点关注曝气沉砂池的整体密封情况，确保除臭管道产生正常负压，及时抽排曝气沉砂池内产生的硫化氢等臭气，防止臭气外溢，影响工作及周边环境。

e. 应重点关注曝气沉砂池底部设备间结构渗水及应急抽排设备的功能是否正常，确保应急抽排设备完好，避免出现地下空间渗水等问题。

（4）安全操作要求

① 设备类安全操作要求。

罗茨风机。

a. 罗茨风机出口安全阀已经过专业部门校验，满足使用要求。

b. 启动前，彻底清除鼓风机内外的灰尘和杂物，并避免混入油。检查进出口连接部位是否全部紧固，配管的支承件是否完备，传动装置保护罩是否齐全。

c. 全开系统阀门，手动盘车。观察风机转动是否灵活，如盘车较紧，可能与风机内落入异物有关，应拆除附近管件检查并将异物取出。

d. 检查各润滑点是否润滑到位，油位是否正常。检查吸入口过滤网是否安装到位。手动点动风机，检查风机转向是否与标识一致，如不一致，应及时调整。

e. 启动操作。

首先，打开风机管路上的放风阀（卸载进气阀，如自动控制，则需确认开关状态）。接着，接通电源，快速点动风机，判断风机转向是否符合标识规定，若不符合，则应对电机调相重新连接电源。

其次，风机启动后空载运转 20～30 min，检查有无异常振动及发热现象。如果出现异常现象，应立即停车查明原因。异常现象大多由安装不良所致，也有润滑油油位不适宜等其他情况。

最后，空载运转良好后，缓慢关闭放风阀，在正常负载情况下运转 2～3 h，同时应注意观察每个部件的温度和振动。运转中要注意电流表的示值，如有异常应立即停车检查，其原因大多是由超负荷运行引起的。

f. 停车操作。

正常停车：因生产需要或外部事故等原因，要求鼓风机做有计划的停车操作，属正常停车。此时先将放风阀（卸载进气阀，自动控制时由系统控制）完全打开，卸载风机，然后停止风机运转。

紧急停车：紧急停车，即迅速按下停车按钮，使鼓风机带负荷停车。紧急停车因未卸掉负荷，必然对风机产生回流冲击，会给风机带来一定损害，这种停车只是一种应急状态下采取的非常规措施。

砂水分离器及其相关设备。

a. 点动按钮，观察螺旋杆转动方向是否正常，螺杆转动方向始终朝着物料出口方向转进。

b. 手动控制现场控制螺旋式砂水分离器的启停，远程控制实现中控室启停，需要紧急停机时按动“急停”按钮。

c. 启动后操作人员观察设备的振动和声音情况，注意观察物料有无坚硬杂物，如发现输送机有异常情况，立即停机，排除故障后再恢复运行。当螺旋式砂水分离器处于工作状态时不得除去保护盖。

d. 螺旋式砂水分离器工作中间歇超过 24 h，重新开始时必须有操作员在场观察。

e. 沉砂池砂坑不应积砂过多，按照一定周期抽排。

f. 每次巡视应检查一次各螺栓固定是否正常，各电机的声音及温度是否正常，轴承的声音和温度是否正常，螺旋输送机的声音是否正常，电机运行电流是否正常。

g. 在任何检修及保养工作开始之前应切断电源，并悬挂警示牌。

排砂螺杆。

a. 点动按钮，观察螺杆转动方向是否正常，螺杆转动方向始终将沉砂向积砂坑内输送。

b. 手动控制现场控制螺旋式砂水分离器的启停，远程控制实现中控室启停，需要紧急停机时按动“急停”按钮。

c. 启动后操作人员观察设备的振动、声音及外部泄渗情况，注意观察物料有无坚硬杂物，如发现输送机有异常情况，立即停机，排除故障后再恢复运行。当排砂螺杆传动部分基座与曝气沉砂池池壁间存在漏水情况时，应及时堵塞。

d. 排砂螺杆长时间不工作时，启动前应点动螺杆，确认螺杆能正常旋转后，方可正常启动。

e. 运行过程中，应重点关注电机是否过热，传动轴处密封是否存在泄漏，排砂效果是否满足要求，若排砂效果无法满足要求，应排干该过水廊道，检查内部淤积及螺旋轴与“U”形槽间的间隙，同时应检查吸砂泵是否能正常工作，确保砂坑内的积砂能顺利抽排至砂水分离器内处理。

② 曝气沉砂池池底清淤安全操作要求。

作业前准备工作。

a. 曝气沉砂池底清淤属于有限空间作业，作业区域内可能存在硫化氢、甲烷、二氧化碳超标等问题，影响作业区域内人员的生命安全。

b. 应按有限空间作业的管理要求，做好各级审批工作。

c. 应对作业人员进行专门的安全技术交底，并签字确认，包含但不限于安全防护设备设施的使用（安全带、安全绳、强制通风机、气体监测仪等）、安全条件的自我识别（有害气体含量临界值、各类安全条件等）、应急设备设施的使用（正压式呼吸器、临时发电机、通信联络装备等）、作业区域的安全警示（安全警戒带、安全锥、作业公示牌等）及安全作业指导书等。

d. 进入有限空间作业前，区域周边应做好安全警戒及危险提示，个人各类安全防护机具的穿戴及应急救援装置的配备应自检、互检，确保相关安全防护措施均按要求落实。

作业过程中。

a. 正式进入有限空间前，应检测作业空间内的有毒气体含量，并做好记录。如不满足作业条件，则应采取强制通风措施，并对设备进行换气，直至满足进入空间内作业的条件方可进入有限空间内作业。

b. 应持续通风换气，并定时进行气体监测，同时进入曝气沉砂池池底的作业人员应随时关注随身携带的气体报警仪，如有报警应紧急撤离。

c. 地面人员应与池底作业人员时刻保持联络，了解作业人员所处的环境及身体状态，如发生异常，及时通知作业人员撤离。当作业人员已无自我撤离能力时，应立即启动应急救援程序，切忌不按规定盲目施救。

d. 作业人员在池底连续作业时间不宜超过 30 min，应采用轮流作业的方式连续作业。

e. 安全管理人员应对曝气沉砂池池底清淤作业进行专项监控及检查，确保作业过程严格按程序进行。

f. 曝气沉砂池池底清淤应重点清理排砂螺杆“U”形槽、积砂坑内的积砂和淤泥，同时检查排砂螺杆磨损、变形，曝气管堵塞、脱落，吸砂泵吸入口堵塞等情况，利用曝气沉砂池排干的机会，对相应的设备设施进行同步检查、保养及维修。

作业完成后。

a. 应清点作业人员，确保全部人员出来后，方可盖好相关盖板。

b. 应及时清理各类设备设施及工具，确保无任何工机具遗留在池底，以免影响池内设备的运行。

c. 清理作业完成后，应及时对池内的设备进行调试，确保各类设备运行正常后，方可打开进出水闸门，将曝气沉砂池投入使用。

（5）维护保养要求

① 维护保养内容及周期（表 3.11）。

表 3.11　武汉大东湖深隧项目预处理站曝气沉砂池日常维护保养要求

序号	保养检查内容	周期	级别	备注
1	检查罗茨风机、排砂螺杆、砂水分离器、刮渣机、栅渣压榨机等设备运转时声音或振动有无异常	每天	日常点巡检	—
2	检查罗茨风机主、副油箱油位是否正常及是否漏油	每天	日常点巡检	—
3	检查罗茨风机、排砂螺杆电机、压榨机电机运行温度	每天	日常点巡检	—
4	检查罗茨风机运行压力	每天	日常点巡检	—
5	清洗罗茨风机吸入口过滤网	每月	一级保养	—
6	罗茨风机及管道紧固	每 3 个月	一级保养	—
7	罗茨风机主、副油箱加油	每 3 个月	一级保养	—
8	检查罗茨风机、排砂螺杆、压榨机、砂水分离器、刮渣机等电机绝缘及接地电阻	每 3 个月	二级保养	—
9	栅渣压榨机轴承润滑加油	每 6 个月	二级保养	—
10	砂水分离器打开清理	每 6 个月	二级保养	—
11	罗茨风机皮带及过滤网更换	每年	二级保养	—
12	曝气沉砂池池底清淤，同步检查排砂螺杆与“U”形槽衬块的间隙及曝气管相关状态	每年	二级保养	同步检查保养池底设备

序号	保养检查内容	周期	级别	备注
13	罗茨风机整体解体检修保养	每 2 年	二级保养	—
14	区域内硫化氢气体监测仪检定	每年	二级保养	—
15	罗茨风机安全阀校验	按规定执行	—	—

② 润滑要求。

a. 罗茨风机润滑要求。罗茨风机主要润滑部位是同步齿轮和叶轮轴承，均为稀油润滑。其中，传动侧润滑同步齿轮和轴承为主油箱；操作侧润滑轴承为副油箱。添加润滑油的型号为 100#润滑油（可用 220#替换），每次添加润滑油的量为油箱中位向上 2～3 mm。

特别提醒：罗茨风机运行时，应保证油位在油位计的两条红线之间（加注润滑油时，应将润滑油加注到油位计上线，鼓风机运转后，油位会稍有下降）。油量过少会导致齿轮和轴承润滑不良；油量过多会引起油温偏高，造成齿轮和其他部件损坏。主、副油箱注油完毕后注油口应紧固并密封。

b. 排砂螺杆润滑要求。齿轮每运行 10 000 h 更换一次润滑油，但至少每两年更换一次。润滑油的型号为 XP-680（Mobil），每次加注量为齿轮箱容积的 2/3（6～8 L）。

c. 压榨机润滑要求。齿轮每运行 10 000 h 更换一次润滑油，但至少每两年更换一次。润滑油的型号为 XP-680（Mobil），每次加注量为齿轮箱容积的 2/3（1.5～2 L）。

d. 砂水分离器润滑要求。齿轮每运行 10 000 h 更换一次润滑油，但至少每两年更换一次。润滑油的型号为 XP-680（Mobil），每次加注量为齿轮箱容积的 2/3（1.5～2 L）。

e. 刮渣器润滑要求。齿轮每运行 10 000 h 更换一次润滑油，但至少每两年更换一次。润滑油的型号为 XP-680（Mobil），每次加注量为齿轮箱容积的 2/3（约 1 L）。

③ 常规备品备件储备。

根据污水深隧系统预处理站运行特点及工况，曝气沉砂池区域设备常规备品备件一般按照罗茨风机皮带、过滤网、安全阀、衬块、吸砂泵、填料密封、刮渣机钢丝绳等进行储备。

④ 运行中可能出现的故障及应对方法（表 3.12）。

表 3.12 武汉大东湖深隧项目预处理站曝气沉砂池运行故障及应对方法

故障现象	可能原因	应对方法
罗茨风机流量不足，建立不起所需压力	① 管道漏气； ② 叶轮、机壳磨损，间隙过大； ③ 皮带打滑，转速下降； ④ 选型不合适，流量过小； ⑤ 过滤器堵塞，进气负压过大	① 检查管道，排除漏点； ② 更换或修复相关零部件，保障间隙； ③ 张紧皮带，必要时更换皮带； ④ 通过更换带轮等方法来提高转速，必要时重新选型； ⑤ 清洗过滤器
罗茨风机叶轮与叶轮碰撞	① 齿轮的径向定位破坏； ② 风机运行超负荷； ③ 风机吸入异物； ④ 齿轮侧隙过大； ⑤ 轴承游隙过大； ⑥ 排气温度过高	① 重新装配，调整叶面间隙； ② 检查工况，排除异常，在规定负荷运行； ③ 清除异物，并检查间隙是否被破坏； ④ 更换齿轮； ⑤ 更换轴承； ⑥ 检查进气温度、升压，调至正常
罗茨风机叶轮与机壳、叶轮与墙板摩擦	① 轴向定位被破坏； ② 风机运行超负荷； ③ 风机吸入异物； ④ 排气温度过高； ⑤ 轴承游隙过大； ⑥ 机壳承受了管道负荷，引起变形	① 重新装配，调整叶面间隙； ② 检查工况，排除异常，在规定负荷运行； ③ 清除异物，并检查间隙是否被破坏； ④ 检查进气温度、升压，调至正常； ⑤ 更换轴承； ⑥ 风机与管道间采用弹性接头等挠性连接，并对管道合理设置支撑
罗茨风机排气温度过高，轴承、润滑油温度超标	① 进气温度过高； ② 风机运行超负荷； ③ 过滤器或管路堵塞； ④ 叶轮、机壳磨损，间隙过大； ⑤ 皮带打滑，容积效率太低； ⑥ 油箱内油太多，润滑油黏度不符合要求、太脏等； ⑦ 润滑脂填充量过多、过少，或者润滑脂变质	① 改善通风，降低进气温度； ② 检查工况，排除异常，在规定负荷运行； ③ 清除堵塞物； ④ 更换或修复有关零部件，修复间隙； ⑤ 张紧皮带，必要时将皮带更换； ⑥ 保证油箱内的润滑油质量、标号符合要求，并使油量在规定范围内； ⑦ 调整填充量符合要求，必要时更换润滑脂

故障现象	可能原因	应对方法
罗茨风机漏油、漏气	① 油封损坏、老化等； ② 油箱内油位过高； ③ 油箱、机壳等有损坏，接合面密封未做好	① 检查油封，重新安装，必要时予以更换； ② 调整至规定油位； ③ 修复破损部位，密封好接合面
罗茨风机有异常振动和声响	① 轴承损坏，游隙过大； ② 异物进入叶轮孔内破坏了平衡或异物卡在风机内； ③ 超载或过热等引起风机内摩擦、碰撞； ④ 联轴器不对中； ⑤ 皮带张力过大或过小； ⑥ 有关连接部位螺栓松动； ⑦ 未加弹性接头等挠性连接装置	① 更换轴承； ② 清除异物，并检查异物对风机有无损伤； ③ 排除引起工况异常因素，并检查有无零部件损坏； ④ 调整联轴器； ⑤ 调整皮带张紧力； ⑥ 紧固连接部位； ⑦ 加装弹性接头等挠性连接装置
罗茨风机电流过大	① 电压过低； ② 过滤器或管路堵塞； ③ 风机内间隙变化，有摩擦、碰撞； ④ 负载过大； ⑤ 电机故障	① 暂停风机运行，必要时更换大功率电机； ② 清除堵塞物； ③ 分析间隙变化原因并予以排除，修复摩擦部位； ④ 检查负载超差原因予以排除； ⑤ 修复电机，必要时予以更换
排砂螺杆无法排砂	① 电机故障； ② 电气传动系统故障； ③ 负载过大； ④ 螺杆与“U”形槽间隙过大	① 更换电机； ② 更换损坏的电气元件； ③ 检查螺杆是否卡死、变形或脱落； ④ 检查螺杆与“U”形槽间的间隙，必要时更换衬板
排砂螺杆基座及轴封处漏水	① 基座密封损坏； ② 轴封损坏	① 更换基座密封，必要时对基座进行调整或校正； ② 紧固密封压盖，必要时更换填料密封
栅渣压榨机或砂水分离器运行异常	① 电机故障； ② 电气传动系统故障； ③ 负载过大	① 更换电机； ② 更换损坏的电气元件； ③ 检查螺杆是否卡死、变形或脱落
刮渣机不起作用	① 刮渣机未运行； ② 刮渣机运行高度不合理	① 检查刮渣机是否运转正常，钢丝绳是否张紧； ② 检查刮渣机刮板下部是否伸入水面以下 50～100 mm，并调整刮板位置

故障现象	可能原因	应对方法
曝气沉砂池除砂效果不理想	① 池底积砂、积淤太厚； ② 曝气效果不好； ③ 刮渣机效果不理想； ④ 排砂螺杆未正常工作； ⑤ 吸砂泵功能不正常	① 每年对砂池进行清理； ② 检查鼓风机流量、压力，并检查曝气管是否堵塞及气量分配是否合理； ③ 检查刮渣机是否与水面接触或伸入水平过深，确保刮板下部伸入水面以下 50～100 mm； ④ 检查排砂螺杆是否运转，螺杆与“U”形槽间的间隙是否过大，旋转方向是否正确； ⑤ 检查吸砂泵出口是否正常排出砂水，必要时对吸砂泵进行更换

3.1.3.5 精细格栅间

武汉大东湖深隧项目预处理站（提升泵站无此类设备）精细格栅采用的是内进流孔板格栅（图 3.11），栅孔直径 3 mm，设置在提升泵之后、曝气沉砂池之前，用来去除污水中颗粒直径大于 3 mm 的杂物，经配置的高压冲洗装置将杂物输送至栅渣压榨机压缩，最终送外集中处置。

精细格栅与细格栅仅存在格栅孔板直径的差别，其他设备与细格栅间相同，因而其相关运营管理要点可以参考 3.1.3.3 节细格栅间的相关内容。

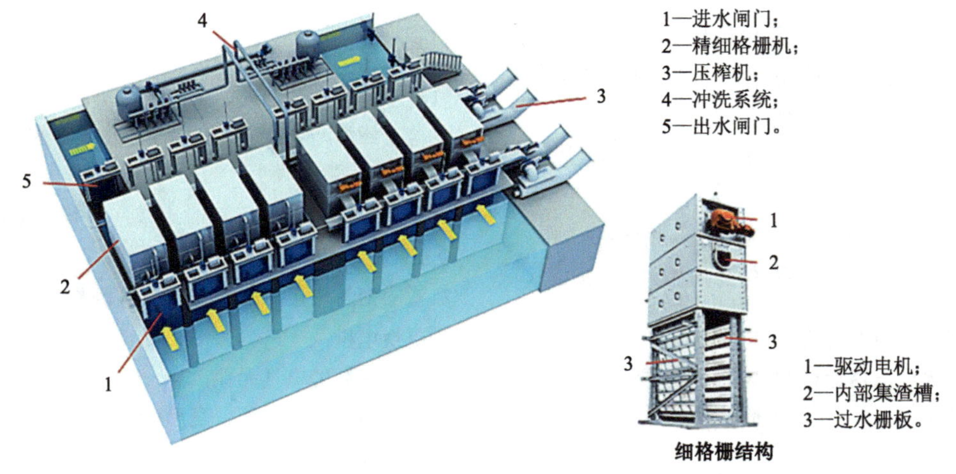

图 3.11 武汉大东湖深隧项目预处理站精细格栅间布局

3.1.3.6 除臭系统

武汉大东湖深隧项目采用两类除臭系统，一类是离子除臭系统，用于臭气处理量较小的沙湖提升泵站；另一类是生物除臭系统，用于臭气量较大的二郎庙、落步嘴及武东预处理站。离子除臭系统由于原理简单、日常运行操作及维护量较小，因此本节重点介绍生物除臭系统。

（1）功能简介

预处理站除臭系统利用抽排风机通过管道在粗格栅间、提升泵房、细格栅间、曝气沉砂池、精细格栅间等区域形成负压区，收集该区域在运行过程中产生的臭气，集中送至除臭系统生物滤池内部进行生化处理，最后将达标的尾气排放至大气，实现净化预处理站地下空间环境的目的。

（2）工作原理

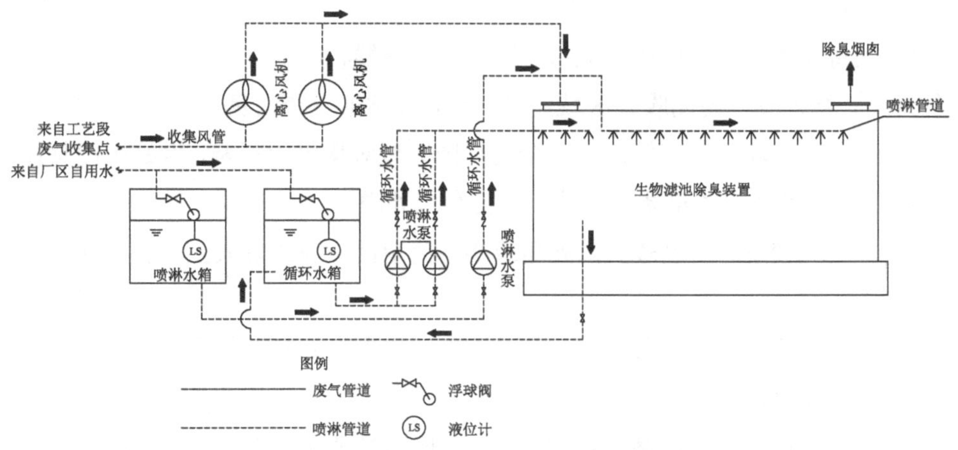

图 3.12　武汉大东湖深隧项目预处理站生物除臭系统工作原理

污水预处理站产生的恶臭气体在风机负压的抽吸作用下，先后进入生物滤池的预洗段和生物段。预洗段设置有循环喷淋水系统及洗涤填料，臭气与喷淋水充分接触洗涤，分离出气体中的颗粒污染物，并可溶解臭气中部分可溶性污染物，适当降低臭气浓度。经预洗段后，臭气通过生物段底部的布气空腔，由下而上均匀通过生物填料层，与附着在生物填料表面的活性微生物膜充分接触，臭气中的污染物被微生物吸附、吸收并降解为二氧化碳和水，从而降低臭气浓度。生物段设置有喷淋水系统，为微生物的生长和生存创造适宜的环境。经生物除臭设备处理后的气体通过排气筒排放至大气。

（3）日常运行管理要点

① 臭气中含有硫化氢、甲硫醇、氨及二甲基二硫等成分，使得臭气本身及生物处理过程产物酸性较高，易腐蚀相关设备及仪表，应做好设备及仪表的防腐工作。

② 在生物滤池运行过程中，由于酸性物质的持续产生，内部酸性环境会越来越强，为了减少对微生物及设备的影响，应定期置换循环使用的喷淋水系统，以降低喷淋水系统及生物滤池内部的酸性。

③ 臭气收集管道应做好阀门开度调节，确保各收集管口有明显负压，同时对收集区域做好封闭，保证臭气收集效果。

④ 应重点做好臭气收集区域及臭气排口周边区域的臭气检测，保证臭气收集及处理效果，避免引起环境投诉事件。

⑤ 应将现场栅渣压榨机排渣口、接渣存渣容器、污水排放地沟等容易产生臭气的地方，纳入臭气封闭收集区域，减少预处理站地下空间臭气，改善现场环境。

⑥ 应重点关注地下空间闸门开合及周围区域对臭气的影响，做好闸门整体封闭，确保曝气沉砂池的整体密封性，防止臭气外溢。

⑦ 对臭气较重、湿度较大的死角或半封闭空间，应做好人工除臭、除霉、灭蚊等工作。

⑧ 应重视除臭系统相关设备的结构安全，定期做好臭气收集管道、支架及生物滤池内部钢制结构的安全性检查。

⑨ 运行过程中应关注微生物的状态，及时调整相关工艺及参数，确保生物滤池除臭效果。

（4）安全操作要求

① 运行模式。

除臭系统操作一般分为就地运行和远程运行两种模式。其运行方式转换通过系统控制柜上的转换钮来完成。在就地运行模式下，系统中所有设备均通过控制柜上的按钮进行启停控制。远程运行模式又分为手动控制和自动控制两种模式。手动控制通过控制柜上的启动/停止按钮来实现对设备的操作。在自动控制下，系统工作为系统周期运行，在系统周期运行的模式下，通过 PLC 来设定系统启动的时刻和运行时间。

② 运行前条件确认。

a. 喷淋水箱、循环水箱液位是否正常，自动补水阀功能是否完好。

b. 确保机械的完整性、管道连接无漏点、电路连接的安全性。

c. 确保阀门均处于正常状态。各臭气收集网管一般处于常开状态；离心抽排风机入口风阀、循环水泵、喷淋水泵进出口阀及各类连通阀和排水阀均处于打开状态；循环水箱、喷淋水箱手动补水阀、生物段排水阀根据工艺需求处于半开状态；排空阀、备用风机等阀处于关闭状态。

d. 系统无漏水、漏气及其他异常。

③ 操作步骤。

手动运行。

手动运行一般针对调试用，或者在自动运行的情况下出现问题无法使用时，用手动临时运行。

a. 将开关旋钮转到手动状态。

b. 此时的控制与 PLC 无关，通过手动按钮操作对应的设备，如风机、喷淋水泵、循环水泵等。手动运行时，风机的运行频率可以在运行中随时修改。

c. 当出现紧急情况时，可按下急停按钮，正常停机时，可直接按停止按钮。

自动运行。

除臭系统正常运行时，一般采用自动运行模式。

a. 将开关按钮调到自动状态。

b. 将触摸屏中的开关按钮调到本地状态，默认状态是本地状态。

c. 设定相关设备的运行参数，如风机运行频率、喷淋水泵运行时间、循环水泵运行设定等。

d. 按下控制箱面板的系统启动按键，除臭系统开始正常启动运行。

e. 一般情况下，系统停机时按下停止按键，风机停止、喷淋水泵停止、循环水泵停止。在紧急情况下，按下急停按键，设备将立即自动停机。

（5）维修保养要求

① 维护保养内容及周期（表 3.13）。

表 3.13 武汉大东湖深隧项目预处理站除臭系统日常维护保养要求

序号	保养检查内容	周期	级别	备注
1	预洗段循环水箱液位正常，补水阀正常工作	每天	日常点巡检	—
2	预洗段循环水 pH 大于 6，pH 低于 6 时应更换循环水	每天	日常点巡检	—
3	生物段喷淋水箱液位正常，补水阀正常工作	每天	日常点巡检	—
4	生物段循环水 pH 大于 6，pH 低于 6 时应加强喷淋强度或适当加碱	每天	日常点巡检	—
5	水泵无振动、异响、漏水等异常	每天	日常点巡检	—
6	水泵出口压力、流量正常	每天	日常点巡检	—
7	除臭风机运行无振动、异响，电压、电流正常	每天	日常点巡检	—
8	除臭风机轴承温度低于 65℃且轴承润滑良好	每天	日常点巡检	—
9	除臭风机轴承润滑油（脂）检查并添加	每月	一级保养	—
10	除臭风机“V”形皮带调整或更换	每半年	二级保养	—
11	生物滤池底部储水箱清洗	每年	二级保养	—
12	循环水箱清洗	每年	二级保养	—
13	生物滤池内喷嘴检查更换	每年	二级保养	—
14	水泵叶轮检查更换	每 2 年	二级保养	—
15	水泵轴承及机械密封检查更换	每 2 年	二级保养	—
16	除臭风机“V”形皮带轮检查更换	每 2 年	二级保养	—
17	除臭风机轴承检查更换	每 2 年	二级保养	—

② 润滑要求。

除臭系统需要开展周期性润滑管理的设备主要是离心风机，由于喷淋水泵和循环水泵流量较小，电机采用密封轴承，不需要定期润滑，仅需要根据运行过程中的温度、振动及总时间进行状态识别更换。

离心风机润滑要求：离心风机电机轴承采用油脂润滑，加油周期为每 3 个月一次（每月需检查润滑情况），油脂型号为 EP-2，有电机端和输出轴端两个润滑点位。风机本体轴承采用油脂润滑，加油周期为每 3 个月一次（每月需检查润滑情况），油脂型号为 EP-2，有电机端和风机端两个润滑点位。

③ 常规备品备件储备。

根据深隧系统预处理站运行特点及工况，除臭系统设备常规备品备件一般按风机“V”形皮带、风机轴承、循环水泵、喷淋水泵、流量计、PVC 管道附件等进行储备。

④ 运行中可能出现的故障及应对方法（表 3.14）。

表 3.14 武汉大东湖深隧项目预处理站除臭系统运行故障及应对方法

故障现象	故障原因	应对方法
预洗段循环泵流量不足	① 预洗段循环泵故障； ② 预洗段循环泵进出口阀未全开； ③ 预洗段喷嘴堵塞； ④ 循环水箱内过滤网堵塞	① 检查并更换循环泵叶轮、轴承、机械密封及传动、控制系统； ② 检查进出口阀门，确保阀门全开； ③ 清洗或更换喷嘴； ④ 清洗水箱及过滤网
生物段喷淋泵流量不足	① 生物段喷淋泵故障； ② 生物段喷淋泵进出口阀未全开； ③ 生物段喷嘴堵塞； ④ 喷淋水箱内过滤网堵塞	① 检查并更换喷淋泵叶轮、轴承、机械密封及传动、控制系统； ② 检查进出口阀门，确保阀门全开； ③ 清洗或更换喷嘴； ④ 清洗水箱及过滤网
预洗段循环水 pH 低于 6 或循环水污染严重	① 臭气中酸性气体浓度高； ② 臭气中含氯量较大； ③ 循环水长期未更换，系统内污染物累积	① 放空并清洗水箱，更换循环水； ② 放空并清洗水箱，更换循环水； ③ 放空并清洗水箱，更换循环水
生物段排水 pH 低于 6	① 臭气浓度高； ② 喷淋水量不够	① 适量投加碱液至喷淋水箱，调节 pH； ② 适当延长每次喷淋时间或缩短喷淋间隔时间，并加大散水排水量

3.1.3.7 电气及仪表设备

武汉大东湖深隧项目电气及仪表设备的配置与污水处理厂类似，但在部分仪表或电气设备的选型上必须兼顾污水深隧系统的特点，本节主要从供配电系统、自控系统、水质水量监测仪表设备等方面介绍相关设备的日常运维管控要点。

（1）供配电系统

① 系统配置。

由于预处理站、提升泵站直接影响深隧的正常运行，当发生停电事故时，将导致区域污水漫溢、预处理站积水及深隧流量无法满足运行条件等后果，严重时可能使深隧内部淤积和拥堵，进而导致整个深隧瘫痪。

结合深隧系统的运行特点，各预处理站和提升泵站的用电负荷均采用一级负荷，通过双回独立的 10 kV 电源供电，并选用 2 台 2 000 kVA 的干式变压器进行交互变配电，每台干式变压器的负载率不大于 45%，确保预处理站和提升泵站供配电系统稳定运行。

② 维护保养内容及周期（表 3.15）。

表 3.15　武汉大东湖深隧项目预处理站供配电系统日常维护保养要求

序号	保养检查内容	周期	级别	备注
1	检查变压器运转是否存在异响，温度是否超过 60℃	每天	日常点巡检	—
2	检查系统各仪表电流、电压等数据是否正常，并做好记录	每天	日常点巡检	—
3	检查各配电柜指示灯是否正常，显示仪表功能是否完好、是否与实际相符	每天	日常点巡检	—
4	检查电气室温度是否低于 35℃，湿度是否低于 50%，并做好记录	每天	日常点巡检	—
5	检查电气室防小动物板是否缺失	每天	日常点巡检	—
6	检查各类接地系统是否有松脱、锈蚀情况	每天	日常点巡检	—
7	检查电气室内部及电气柜区域是否存在漏水隐患	每天	日常点巡检	—
8	切换并停用一个变压器，打扫变压器内部，并检查各部件是否存在松动	每半年	二级保养	—
9	检查各开关主触头是否存在灼伤、烧蚀情况，并打磨或更换	每半年	二级保养	—
10	检查母线是否松动，电容是否有膨胀、漏油及异响情况	每半年	二级保养	—

序号	保养检查内容	周期	级别	备注
11	检查接地电阻阻值和变压器绝缘电阻，并做好测试记录，对阻值超标情况进行处置	每年	二级保养	—
12	检查电气柜、箱内线路相间绝缘与接地电阻，并对异常进行处置	每年	二级保养	—
13	检测系统内电气及机械联锁装置的性能	每年	二级保养	—
14	更换三相均衡电流超出额定值 15%或损坏的电容	每 2 年	二级保养	—
15	测试各主开关性能，对不满足要求的开关进行更换	每 2 年	二级保养	—

③ 常规备品备件储备。

根据深隧系统预处理站湿度大且存在腐蚀性气体的特点，供配电系统设备常规备品备件一般按小型空气开关、转换开关、接触器、继电器、小型断路器等进行储备。

④ 运行中可能出现的故障及应对方法（表 3.16）。

表 3.16　武汉大东湖深隧项目预处理站供配电系统运行故障及应对方法

故障现象	故障原因	应对方法
支路系统跳闸	① 误操作造成接地或短路； ② 设备绝缘损坏造成短路； ③ 系统过载； ④ 开关损坏	① 检查电气元件是否存在损坏，消除接地或短路情况，按正常操作流程操作； ② 检查设备是否发热过烫或老化，对相关设备或部件进行更换或增加散热措施； ③ 检查过载部位，消除过载隐患或在合理范围内调整过载保护系数； ④ 更换损坏的电气元件
全站停电	① 外电系统供电故障； ② 母线故障； ③ 出线设备故障； ④ 变压器故障	① 切换其他供电回路或备用电源回路，同时将故障反馈至供电部门，对外线进行故障排查； ② 利用联络开关断开故障母线，恢复主供电后，查明故障点进行故障排除； ③ 根据断电保护动作情况，先断开故障设备，恢复供电后，查明故障点进行故障排除； ④ 根据变压器负载情况，切换备用变压器或将负载加至某一台变压器，恢复供电后对变压器进行检查处理

（2）自控系统

① 系统配置。

武汉大东湖深隧项目自控系统以预处理站（含提升泵站、竖井）为独立子系统，每个预处理站由 1 套 PLC 和上位 PC 机为核心的以太网络组成。在项目二郎庙预处理站设有整个项目的自控系统集中监控中心（项目调度中心），配置工程师站 2 套，数据服务器 1 套，DLP 大屏幕显示器 1 台，按照集中管理、分散控制原则实现对各预处理站的工艺、设备实时监控。各预处理站（含提升泵站）的 PLC 分别设在各自管理用房的控制值班室（现场设有远程 IO 数据采集模块），负责所管理范围内的工艺、设备的控制和数据采集，并上传至上位计算机。在监控计算机上可查看现场工艺和设备的运行状况、现场运行模拟图、各类统计报表、各类参数历史和实时趋势曲线等。深隧系统结构中 3#、4#、7#中间工作竖井的运行参数通过 GPRS 无线通信模块上传至监控中心，最终实现自控系统对项目运行过程的全面监控。

② 维护保养内容及周期（表 3.17）。

表 3.17　武汉大东湖深隧项目预处理站自控系统日常维护保养要求

序号	保养检查内容	周期	级别	备注
1	检查 HMI 监控画面是否存在异常报警，并及时对报警信息进行确认、处置	每天	日常点巡检	—
2	检查自控系统现场检测元件是否工作正常，并对异常进行及时处置（如液位计、压力计、温度传感器、视频监控异常等）	每天	日常点巡检	—
3	检查各控制柜是否正常关闭，散热是否良好	每天	日常点巡检	—
4	检查自控机房温度是否低于 35℃、湿度是否低于 50%，并做好记录	每天	日常点巡检	—
5	检查各电气元件是否在运行过程中存在异响	每天	日常点巡检	—
6	检查控制柜区域是否存在漏水隐患	每天	日常点巡检	—
7	检查控制柜接地线是否松脱，其他各类通信电缆屏蔽及接地是否完好	每 3 个月	二级保养	—
8	对控制柜、散热风扇叶及过滤网进行内部清扫，确保柜内清洁	每 3 个月	二级保养	—

序号	保养检查内容	周期	级别	备注
9	对服务器数据库进行备份	每 3 个月	二级保养	—
10	检查服务器电脑，更新升级杀毒软件，对系统进行杀毒	每半年	二级保养	—
11	清理各通信设备的网费缴纳情况，提前做好网费续费，避免造成停网	每年	二级保养	—

③ 常规备品备件储备。

根据污水深隧系统预处理站湿度大且存在腐蚀性气体的特点，自控系统设备常规备品备件一般按小型 PLC、继电器、液位计、端子、压力传感器、小型断路器等进行储备。

④ 运行中可能出现的故障及应对方法（表 3.18）。

表 3.18　武汉大东湖深隧项目预处理站自控系统运行故障及应对方法

故障现象	故障原因	应对方法
系统本身问题引起的故障	① 控制逻辑出错； ② 通信报错； ③ 信号采集设备损坏，造成运行条件不足； ④ PLC 死机； ⑤ PLC 硬件损坏	① 若控制程序存在漏洞，需对控制程序进行完善、优化； ② 检查网络是否畅通、通信电缆是否松脱、通信硬件是否损坏等； ③ 检查现场信号采集设备，恢复信号，必要时对不重要的信号进行临时短接； ④ 按流程重启 PLC； ⑤ 检查 PLC 电源模块、CPU、通信模块、I/O 模块，确保功能完好
操作不当引发的故障	① 操作程序不对； ② 参数设置不当； ③ 人为中断运行	① 严格按操作规程操作，确保设备启动的各项前提条件均满足顺控信号要求； ② 将参数设置在系统规定的范围内，确保系统正常运行； ③ 检查停止、急停等按键是否正常，防止人为误操作造成系统运行中断
外部条件变化引发的故障	① 外部供电不稳定； ② 存在外部干扰； ③ 外网网络中断	① 增设稳定电源； ② 安装时与强电设备及电缆隔离、确保信号及通信电缆屏蔽及接地情况良好； ③ 检查外网网络缴费情况并及时缴费

（3）水质水量监测仪表设备

① 仪表配置。

武汉大东湖深隧系统为了实现对进水深隧污水的水质和水量监控，于每个预处理站（含提升泵站）内设置了流量计和相关水质量监测仪表。具体为2套电磁流量计、1套COD检测装置、1套氨氮检测装置、1套总磷检测装置、1套pH检测装置、1套SS检测装置，并在地下空间设置了4套硫化氢气体检测装置，用于对危险气体实时检测，确保实现对深隧进水水质和水量及运行期间可能产生的危险气体进行全方位监控。

② 维护保养及故障处置。

各类监测仪表均为专业性较强的单体设备，不同品牌的仪表供应商均制定了较详细的日常维护保养及故障处置说明，由于各品牌供应商的综合实力不同（技术执行思路、加工制造水平及软件计算能力等），因此其制定的日常维护保养均具有较强的差异性。因参考意义不大，且在实际生产过程中均由专业维保厂家对仪表进行维护和故障处理，故本书不对武汉大东湖深隧系统使用仪表的具体维护保养和故障处置的内容进行列举，在具体执行时可以参考各仪表品牌制造商提供的产品说明书。

3.2 排水隧道及竖井

3.2.1 结构布局及功能

武汉大东湖深隧项目由主隧、支隧和竖井（1#～11#）等隧道主体及附属结构串联，分布在3个不同行政区划内的二郎庙（沙湖提升泵站将本区域内的污水通过管网输送至二郎庙预处理站）、落步嘴和武东3个污水预处理站，并利用压力流的作用将各预处理站排入的污水最终输送至主隧末端的武汉北湖污水处理厂进行最终处理。武汉大东湖深隧项目深隧结构平面布局见图3.13。

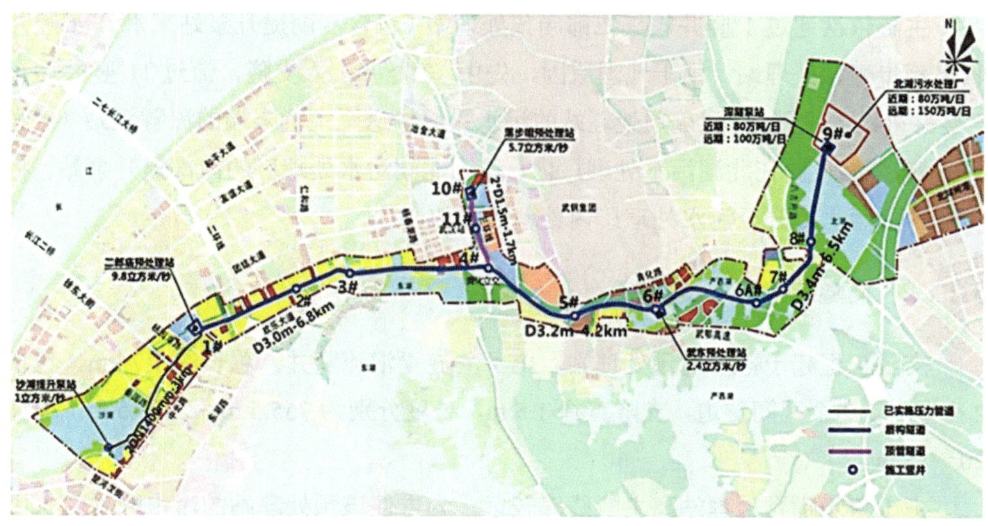

图 3.13　武汉大东湖深隧项目深隧结构平面布局（图中数字编号为竖井编号）

3.2.1.1　主隧结构组成及功能

项目主隧西起二郎庙预处理站，东至北湖污水处理厂，隧道全长约 17.5 km。分别为二郎庙预处理站至落步嘴区域段（1#～4#竖井），直径 3 m、长度 7 208 m；落步嘴预处理站至武东预处理站段（4#～6#竖井），直径 3.2 m、长度 10 712 m；武东预处理站至北湖污水处理厂段（6#～9#竖井），直径 3.4 m、长度 1 702 m，均采用单排隧道结构，主隧埋深 30～50 m。武汉大东湖深隧项目主隧结构布局见图 3.14。

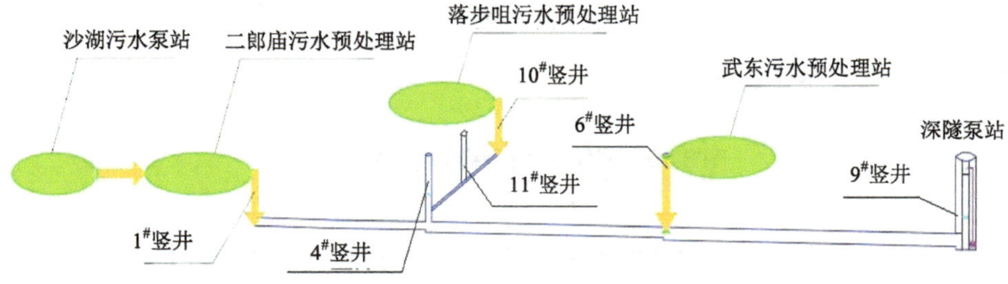

图 3.14　武汉大东湖深隧项目主隧结构布局

主隧依次通过 $1^{\#}$竖井收集二郎庙预处理站（包含沙湖提升泵站来水），$4^{\#}$竖井收集落步嘴预处理站（由于地理原因，先由 $10^{\#}$竖井汇入支隧，流过 $11^{\#}$竖井后在 $4^{\#}$竖井处汇入主隧），武东预处理站的污水最终输送至主隧末端的深隧泵站（$9^{\#}$竖井）。该泵站设置在北湖污水处理厂内，作为北湖污水处理厂的内部提升泵站，将主隧内的污水提升至污水处理厂内处理后排放。

3.2.1.2 支隧结构组成及功能

支隧工程起于落步嘴预处理站，止于主隧 $4^{\#}$汇流竖井，总长约 1.7 km。包括 2 个竖井、2 个区间隧道，支隧直径 1.5 m，长度分别为 755.5 m 和 929.5 m，埋深 20～35 m。

由于落步嘴预处理站离主隧线路较远，为方便该预处理站的污水顺利汇入主隧，因此在落步嘴预处理站与主隧 $4^{\#}$竖井之间设置了支隧。

3.2.1.3 竖井结构组成及功能

武汉大东湖深隧项目共设有 11 个竖井（图 3.15），按其所处位置和功能可分为入流竖井、汇流竖井和施工竖井。

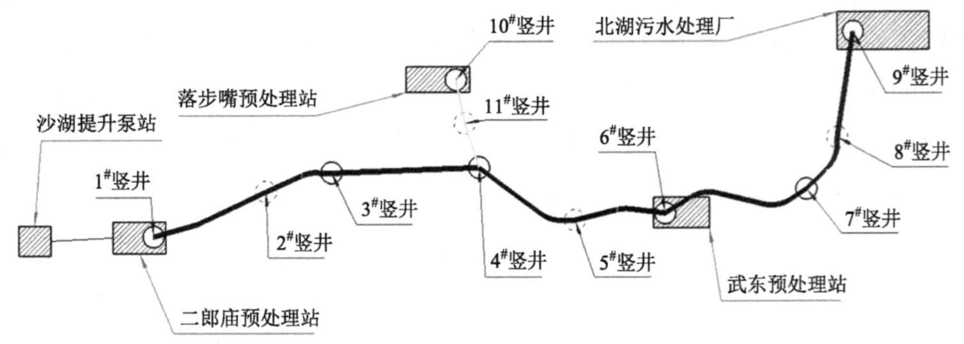

图 3.15 武汉大东湖深隧项目竖井分布

入流竖井：将预处理站排出的污水通过螺旋消能后排入深隧内（图 3.16）。如 $1^{\#}$竖井设置在二郎庙预处理站内，$6^{\#}$竖井设置在武东预处理站内，$10^{\#}$竖井设置在落步嘴预处理站内。

汇流竖井：将区域范围内其他渠道的污水或支隧的污水通过螺旋消能后排入主隧内。如 4#竖井。

图 3.16　武汉大东湖深隧项目竖井螺旋消能结构

施工竖井：为方便隧道施工而设置的竖井，部分竖井在施工完成后进行回填，如 2#竖井、5#竖井、8#竖井、11#竖井。另一部分施工完成后不回填，在项目运行期间发挥内部监测、检修口、通风、排气功能，如 3#竖井、7#竖井。

作为主隧末端的 9#竖井设置在北湖污水处理厂内，井内安有提升泵，直接将末端污水提升至北湖污水处理厂进行处理，然后外排至周边水系。

3.2.2　运维要点

3.2.2.1　隧道结构运维管控要点

（1）地表巡视

① 定期对主隧、支隧沿线地面进行巡视，及时发现沿线警戒区域内是否有影响深隧结构安全的行为，如地铁施工、地质勘测、桩基施工及其他类似行为。发

现上述行为应及时与责任单位取得联系，并沟通解决办法。

② 在主隧、支隧沿线地面或周边设置警示标志，明确警戒范围及可能造成的后果，并标明联系人员及方式，及时警示周边的各类行为，弥补因巡视不到位或巡视频次不足而引发的结构损害风险。

③ 可在人工巡视的基础上使用无人机辅助巡查。深隧项目途经地铁、高架桥、城市主干道、风景区、工业区及湖泊，地形复杂、线路冗长。无人机具备视角高、巡查线路不受地形影响的优点且可通过设置固定线路，通过照片或视频比对的方式发现沿线周边的变化或异常，具有科学、高效、精准的特点，可有效弥补人工巡视的不足。

（2）结构监测

① 深隧结构中有预埋的结构健康监测元件，可实时监测主体结构的相关参数。应重点关注相关参数的变化，通过专业的数学计算模型，自主识别并及时预判结构安全风险，为运行决策提供有力支撑。

② 重点关注在同等水文、气候条件及相关入流水量的情况下，各竖井的液位高度差别和流速差别。可借助智慧水务平台，通过水力模型，分析异常点及可能产生的原因，推测深隧内部结构存在的隐患，如内部淤积、结构损坏导致地下水进入等。

③ 通过定期对深隧内部淤积、结构损伤情况进行实地检测，有针对性地制定应急处置措施，及时发现并消除深隧结构运行隐患。

④ 重点监控深隧内污水流速情况（≥0.65 m/s，≤2.5 m/s），避免出现因流速过小而引起内部淤积，或因流速过大造成对深隧内壁的冲刷损伤。同时关注进入深隧内污水的 SS 值，避免因 SS 值过大而扩大内部淤积风险。

⑤ 在各类监测手段成熟的条件下，可通过分析深隧内不同区段污水水质的变化推断深隧结构是否存在损伤。

3.2.2.2 竖井运维管控要点

（1）日常巡查

① 因竖井属于地面构筑物，其地理位置分布较广，部分处于偏远的郊区或野外（如 4#竖井、7#竖井），且实际运行过程中采用无人值守的管理模式，因此对竖

井的日常巡查工作不可或缺。

② 竖井的日常巡查可与深隧的日常巡查同步开展，在巡视深隧的过程中，对应区域内的竖井应同步检查。

③ 巡查内容应涉及构筑物完好情况、各类设备运行情况及周边环境风险情况等，并做好相关记录。

④ 重点关注竖井站点内部视频监控情况，通过实时监控可有效弥补因人工巡查不足带来的隐患。

⑤ 应重点关注竖井站点的封闭管理，确保大门锁闭功能完好，避免因闲杂人员进入给设备设施或人员自身造成伤害。

（2）设备设施

① 竖井内的设备设施应按照预处理站日常运维管控要求进行管理，做好日常巡查、保养维护及故障处理工作，并做好相应的档案记录。

② 因竖井日常无人值守，应重点关注电气设备的密封防水性能及通风设备的润滑管理，避免因电气设备进水短路或因润滑不到位造成发热引起火灾等。

③ 竖井相关运行数据与项目中控系统通过 GPRS 通信，应重点关注网络信号强度、网费支付等情况，避免信号中断造成运行数据丢失。

3.2.3　运维要求

3.2.3.1　深隧及竖井周边警示

在深隧及竖井周边设置警示，及时提醒在周边区域开展各类工作的单位和个人。告知其行为危害和联系方式等，做好危害警示，确保深隧及竖井运行安全。

（1）警示区域范围

根据武汉大东湖深隧项目设计文件，隧道结构外边线 5 m 为深隧控制线，此范围内严禁各类地下工程施工，控制线外 20 m 为深隧影响线，在该范围内进行地下工程施工需提前做安全评估，采取可靠措施保护深隧结构安全。相较地铁安全保护区，深隧安全保护区范围较小。因此在实际执行过程中，鉴于城市排水深隧的重要性及结构修复难度，参考《武汉市轨道交通管理条例》的规定，武汉大东湖深隧项目地表保护区范围调整为预处理站与隧道外边线外侧 50 m 内；水底隧道结构外边线外侧 150 m 内（图 3.17）。

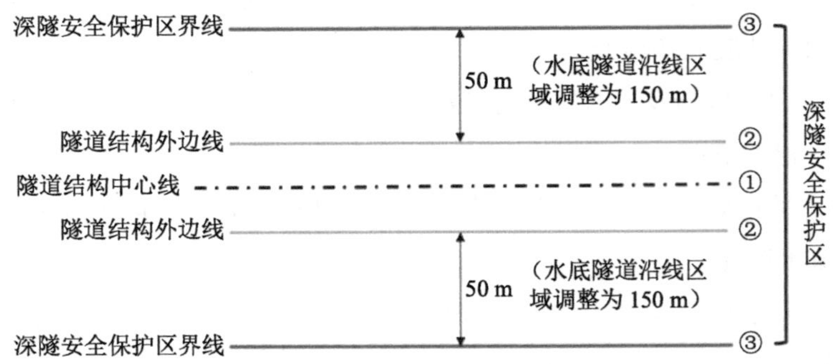

图 3.17　武汉大东湖深隧项目安全警示区范围

（2）警示设置方式

① 竖井虽然日常无人值守，但设有远程视频监控。可在围栏外侧布设警示牌，公告安全保护区范围，警示牌可由沿线布设的标识桩代替。

② 主隧及支隧的地下隧道缺少地面标记，须沿全线在地面标记出深隧的准确位置和安全保护区范围。参考地铁的标识布设方案，并结合大东湖深隧的结构特点，深隧安全保护区内主要设置 3 种类型的标识：贴地标识牌、标识桩和警示牌。贴地标识牌布设在道路稳固的地面，用于标出深隧结构中心线的准确位置；标识桩布设在绿化带、空地及田野中，用于标出深隧安全保护区的范围；警示牌也布设在绿化带、空地及田野中，其布设间距较大、高度较高，用于以平面图的形式公告警示深隧安全保护区范围。

（3）警示样式及布置原则

深隧项目各类警示标志主要有提醒警示及公告安全保护区范围的功能。结合实际，警示标志应具有易于发现、不易损坏且使用寿命长久等特性，因此对警示标志的大小、样式、警示内容及制作材质做了明确规范，具体如下。

① 贴地标识牌。

布设原则：贴地标识牌在主隧 1#～6#区域道路上布设，布设间距为 50 m。主隧 6#～9#及支隧区间地表基本无硬化地面，因此不宜安装贴地标识牌。

材质及尺寸：贴地标识牌材质为不锈钢板，厚度为 2 mm，面板信息采用蚀刻填漆工艺，文字及图案蚀刻深度控制在 0.8～1 mm。其形状为菱形，边长为 150 mm，边角 50°，设置 8 个直径为 7 mm 的安装孔，用于安装 M6 螺栓。

内容样式：标识牌上的内容包括警示语、标识牌距离两侧保护区边界的距离、运营单位 Logo、联系方式及标识牌的编号（图 3.18）。安装时贴地标识牌短对角线与深隧走向保持一致。

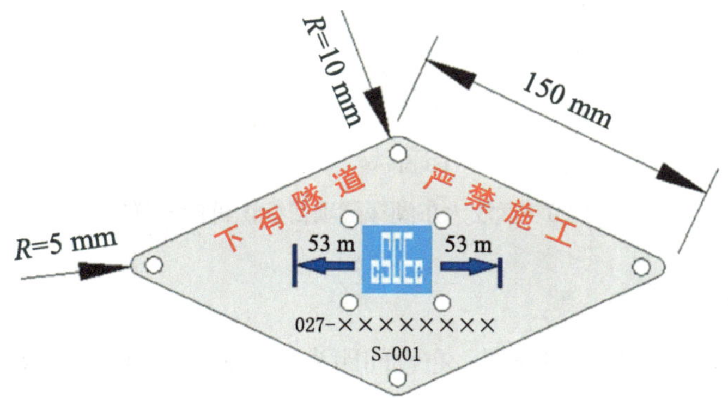

图 3.18　武汉大东湖深隧项目贴地标识牌样式

② 标识桩。

布设原则：沿深隧全线布置，布设间距为 100 m。转弯段、通风检修井前后等特殊区域加密布置，埋设在绿化带、空地及田野中，尽可能靠近深隧结构中心线，具体埋设位置需结合现场实际情况确定。深隧穿越严西湖、北湖段的水面不具备埋设条件，可在岸边布设警示牌替代标识桩。

材质及尺寸：标识桩桩体为钢筋混凝土材质，采用喷涂油漆的方式绘制警示信息。桩体具体尺寸为高 1.2 m，其中地上 0.65 m，地下 0.55 m；桩横截面为边长 150 mm 的正方形。

内容样式：标识桩头喷涂反光漆，桩身各面喷涂相关信息，埋设时 A 面、C 面对应深隧走向，从上往下依次喷涂 Logo、运营单位名称、桩身至两侧保护区边界的距离、警示语；B 面从上往下依次喷涂 Logo、运营单位名称、标识桩编号（如 A-001）、警示语、联系电话；D 面从上往下依次喷涂 Logo、运营单位名称、深隧里程（图 3.19）。

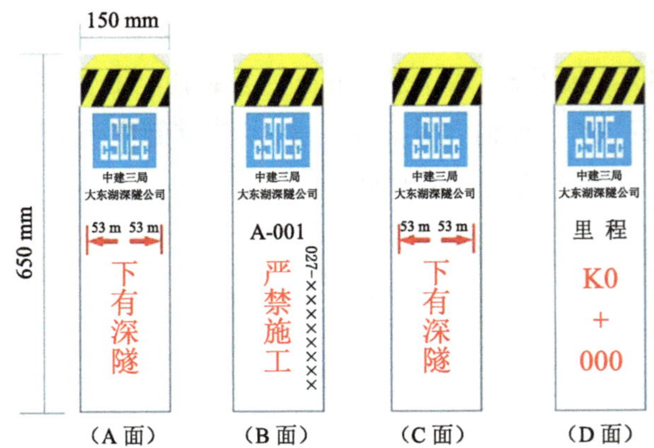

图 3.19 武汉大东湖深隧项目标识桩内容样式

③ 警示牌。

布设原则：沿深隧全线布置，布设间距为 1 000 m，埋设在深隧保护区范围内的开阔位置，保证警示牌有良好的可视性。在下穿严西湖、北湖段的岸边设警示牌，公告深隧在湖中的安全保护区范围。

材质选择：警示牌由两部分组成，警示牌本体和深隧安全保护区平面图。警示牌本体采用钢材制作，保护区平面图采用 PP 材质或其他耐久性好的材质制作。警示牌高 2.6 m，其中地上 1.6 m，埋地深度 1 m，面板尺寸 1.5 m×0.8 m，平面图 1.2 m×0.5 m。

内容样式：警示牌 A 面内容包括运营单位 Logo、名称、安全保护区平面图；B 面内容包括警示标语、运营单位名称及联系电话（图 3.20）。

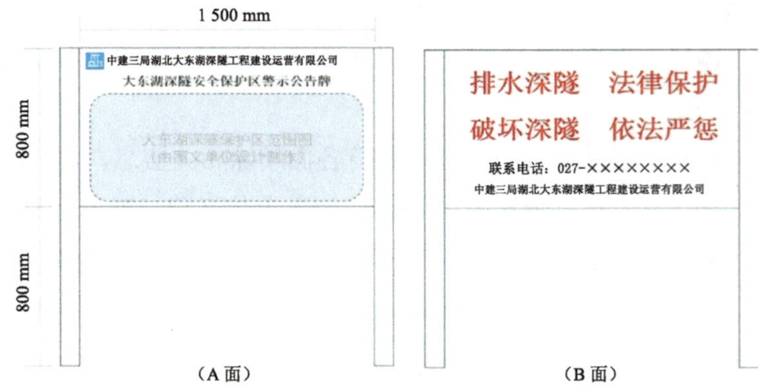

图 3.20 武汉大东湖深隧项目警示牌样式

3.2.3.2 深隧及竖井地表巡查

在深隧及竖井地面沿线设置各类警示标志对运行期间的深隧和竖井进行警示保护，只能起到提示作用，不能从根本上保证结构安全。因此定期开展日常人工巡查可有效发现问题并及时沟通协调，确保深隧及竖井运行安全。

（1）人工巡查

① 巡查线路。

人工巡查线路（图 3.21）以深隧实际走向为导引，以各竖井为关键巡查节点，确保深隧表面沿线、功能性竖井全面纳入巡查。同时，由于实际地形的制约，城市三环内的区域人工巡查应全覆盖，三环外的区域以人工巡查为辅，重点依靠无人机等高科技手段。

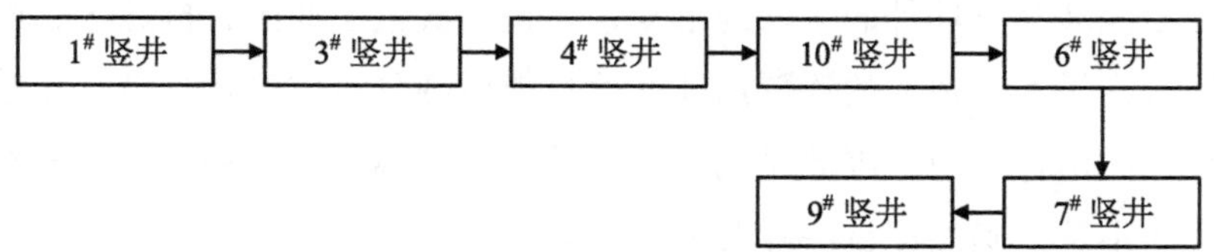

图 3.21 武汉大东湖深隧项目人工巡查线路

② 巡查要求。

a. 根据项目管理需要，应每周定期对深隧及竖井开展巡查工作。

b. 巡查的重点工作是深隧及竖井地表标志物的缺失及深隧线路外边线外侧 100 m 范围内的施工情况，巡查过程中可借助无人机对线路进行巡视。

c. 巡查过程中，如发现在深隧线路外边线外侧 100～200 m 内有或即将开展施工行为的，应主动和施工单位取得联系，提醒施工单位应注意在施工过程中可能影响深隧结构安全的事项，并对情况进行记录、上报。同时加大对该施工地点的巡查频次。

d. 巡查过程中，如发现在深隧线路外边线外侧 100 m 范围内存在或即将开展施工行为的，且可能对深隧结构安全造成威胁的，应及时和施工单位联系，要求其停止施工，并上报项目公司领导，项目公司向上级主管单位进行汇报。相关行政单位组织现场勘察以确定施工是否对深隧结构有影响，如无影响，应加大对该施工地点的巡查频次。当施工单位不配合停工时，应立即报告项目公司领导，及时到现场协调，并将现场情况向上级主管单位汇报。后期应重点关注该区域的施工情况，及时向上级领导及主管单位汇报。

e. 巡查过程中，应对深隧表面沿线设置的各类警示标志进行检查，当发现损坏或丢失时，应及时上报并组织修复。

f. 为了确保巡查工作按要求落实，应采用科技手段对巡查人员的行程进行定位，如关键节点远程定位打卡、远程视频签到等，并借助智慧管理平台对巡查过程进行记录。

g. 应定期根据日常巡查结果对巡查周期、内容及手段进行分析，对其分析结果进行修改、优化，确保巡查工作实效。

（2）无人机辅助巡查

深隧沿线涉及三环外的区域地形复杂，包括武钢工业园、拆迁区、严西湖及武钢专线等，导致三环外的深隧沿线巡检只能对部分点位进行巡查，无法全面检查发现存在的运行隐患。因此可用无人机辅助人工巡查，弥补人工巡查存在无法到达部位的不足，确保项目深隧及竖井巡检全面受控，不留巡查死角。

① 巡查区域。

考虑全线巡查面临的在城市范围内的政策和舆情方面的风险，且三环内建筑物密集、人流量大，无人机操作失误或设备故障引发安全事故的风险较高。因此，三环内的区域仍以人工巡查为主，三环外的区域以无人机巡查为主、人工巡查为辅。

② 巡查路径。

经实地测试，民用常规无人机巡检过程中信号传输有效距离只有 1.8～2 km，因深隧沿线距离较长，如深隧巡检过程中全程保持无人机信号实时传输，需无人机多次起飞降落，操控员同样需多次转移位置，故部分路段需采取定点巡航飞行模式。

在巡航飞行过程中，根据《无人驾驶航空器飞行管理暂行条例》的规定，确定具体执飞线路。

为确保无人机巡查过程安全，无人机深隧巡查共分为两段。巡查线路一，采取实时信号传输的方式，对无人机遥控飞行巡查，从放飞点一起飞，经由落步嘴预处理站巡查至武钢专线附近，飞行距离为支隧 1.7 km、4#竖井至武钢专线约 2 km。巡查线路二，采取定点巡查方式，从武钢专线可直接沿深隧巡航至北湖泵站。

③ 巡查要求。

a. 无人机巡查飞行必须由经过专业培训并取得操作证书的人员操作、控制，严禁不具备操作资质的人员操作无人机。

b. 无人机巡查前，应严格按巡查管理规定及无人机操作规程对相关条件进行检查确认，不满足无人机巡查要求时，应及时停止无人机飞行，并按规定上报或采取临时应对措施。

c. 根据武汉大东湖深隧项目的特点，用于巡查的无人机应具备以下性能（表 3.19），其他项目可参考选择。

表 3.19　武汉大东湖深隧项目地表沿线高空巡查无人机性能参数表

序号	类别	内容	性能特性
1	硬件	无人机飞行方式	多旋翼
2		配件要求	遥控器 1 个、智能飞行电池 3 块、遥控器转接头、充电管家、电池-充电宝转换器、备用摇杆、数据线
3	无人机性能参数	飞行续航时间	30 min（满足定速巡航和悬停拍摄要求，巡航速度不宜过快，需满足肉眼对沿线观测的需求）
4		抗风能力	≥6 级（强风，风速 39～49 km/h，大树枝摇动，电线有呼呼声，打伞行走有困难）
5		防护等级	IP45（4 代表“防止直径或厚度大于 1.0 mm 的工具、电线及类似小型外物侵入而接触到电器内部的零件”，主要考虑西线范围厂区较多，空气中存在固态颗粒，避免无人机受到影响；5 代表“防持续 3 min 的低压喷水”，主要考虑突然降雨情况）
6		信号传输能力	信号传输有效距离 2 km
7		机载内存	24 G
8		工作环境温度	−10～40℃
9		航点记录	20 个
10	相机参数	视频拍摄分辨率	1 920×1 080
		主摄像像素数	2 000 万像素

<table>
<tr><th>序号</th><th>类别</th><th>内容</th><th>性能特性</th></tr>
<tr><td>11</td><td rowspan="3">其他要求</td><td>安全要求</td><td>具有自动避障功能，丢失后能自动返航</td></tr>
<tr><td>12</td><td>操作要求</td><td>满足规划航线后自动巡航，在遇到紧急情况或者发现需要悬停拍摄的场景时人工介入，之后恢复自动巡航。具备自动起降功能，尽量降低人工操作难度</td></tr>
<tr><td>13</td><td colspan="2">其他未涉及要求在满足本项目使用需求的情况下按行业通常要求执行，同等条件下安全保证度高，自动化、智能化程度高的方案优先</td></tr>
</table>

d. 操作人员按巡查路线要求，将无人机带至放飞点固定起降地点，按要求组装，检查无误后，一键起飞无人机，控制无人机飞行垂直高度低于 120 m，采取人工手动控制并视频直连方式飞行至落步嘴，实时拍摄支隧沿线画面。

e. 线路一巡查完毕后，需及时更换电池，并去武东站点，使用自动巡航模式，按照深隧沿线标注的点位，自动完成巡查线路二。

f. 无人机完成规划航线飞行后，将无人机拍摄的高清文件导入计算机本地存档，用于识别风险点位。巡查人员根据图片进行风险识别，对发现的异常部位进行现场确认后，做好巡查记录并上报，相关记录或文件可通过项目智慧管理平台进行同步管控。

g. 当期无人机巡查完成后，应及时对无人机进行充换电和日常保养并妥善保管。

h. 无人机巡查周期应长于人工巡查周期，一般半个月飞行巡查一次。如人工巡查发现异常或巡查过程中发现持续性风险，应根据实际情况有针对性地持续跟踪，直至风险完全消除。

3.2.3.3 深隧淤积监测及清理

（1）深隧淤积风险分析

① 规范管理，正常运行，淤积风险低。

武汉大东湖深隧项目设计时参考了我国香港压力流深隧的运行和维护经验，同时结合项目本身特点，如城市综合排污体制不同、水质不同、水量不同、水文气候条件不同、可维护点（通风、除渣、预留竖井）距离不同等因素，按照深隧少维护甚至免维护的原则进行设计。

我国香港压力流深隧在运行过程中，通过水位和流量的监测与控制实现了深隧本体10年以上不淤积、免维护。武汉大东湖深隧项目根据实际情况，在对流入深隧污水预处理、水量和流速进行综合管控的条件下，基本上可以实现零淤积风险，即：

a. 在地表设置预处理站，对进入深隧系统大于0.2 mm的无机颗粒进行拦截。

b. 通过实际采样分析进水水质特点及粒径分布，结合理论计算和水力模型确定深隧最小流速（0.65 m/s）运行要求，最后通过物理实验验证流速效果，保证深隧系统内流速带走的颗粒物大于留下的颗粒物数量。

c. 通过水位线监控，增加补水措施，与运行初期流量曲线和三维水力模型曲线比较，当曲线水位变化时，可通过在二郎庙设置的连通管，应急将沙湖港水补充进入深隧，保证隧道内流速大于冲刷流速（1.2 m/s），直到恢复曲线水位要求。

② 突发情况，应急预留，风险可控。

结合我国香港及国外深隧的运维经验，虽然现在深隧暂时没有成熟的技术手段开展日常维护工作，但是考虑后期的科技发展，项目设计时也预留了开始深隧内部维护的对接设施。

首先，我国香港预处理站分布距离（约 4 km）较密，易于通风、预留和管理，而武汉预处理站之间分布较远（约8 km），对远期预留不足。因此，在施工竖井处结合周围用地条件，将3#、4#竖井设为预留竖井。预留竖井和1#、7#等入流竖井近期可通风、除渣；远期可下人或机械进入深隧内部开展相关检查和维护作业。

其次，项目在总体布局规划上，预留了另外一条深隧（雨水深隧）作为备用污水深隧。当远期雨水深隧修建后，污水深隧可通过地表系统转换至雨水深隧。目前二郎庙预处理站、武东预处理站、5#竖井均已对雨水深隧调度进行了预留。

最后，项目公司在编制运营方案时，结合项目初步设计的思路，在项目建设期间深隧结构内部预埋了健康监测、深隧流速测量及测量分析元器件结构，能对深隧运行风险进行检查和处置。

（2）深隧淤积情况监测

武汉大东湖深隧系统的最大埋深为地下50 m，为压力流满管运行，压力达到

4 bar[①] 以上。深隧内部的运行状态无法通过视频摄像实时监控，为了有效监控深隧内部运行状况，项目设计时根据深隧的线形分布、结构变化及水流形态，确定了易造成淤积风险的 4 个断面，并在每个断面上安装了淤泥界面仪，通过界面仪实时监测该部位的淤积厚度，用来大致反映整条深隧的淤积状况。

由于淤泥界面仪只能对后果进行测量，为了更有效地预防淤积，项目公司根据深隧管线的节点坐标、高程、坡度等信息搭建 SWMM 水力模型，并在该水力模型的基础上开发出根据水质、流速及其他因素共同作用的淤积预判模型。该模型植入项目智慧平台后，可根据深隧日常运行情况，实时模拟深隧各区段的淤积风险及状况，高效指导项目公司及时地开展工艺调整或淤积防范与清理工作。

（3）深隧内部淤积清理

虽然武汉大东湖深隧内淤积风险较小，但项目公司在设计时还是预留了必要的淤积应急冲洗处理手段，可有效地应对深隧内部因运行过程中沉渣或意外事件导致的淤积事件。

① 冲洗清淤原理。

武汉大东湖深隧项目强调隧道自身免维护设计。首先强化预处理拦截效果，确保进入深隧的污水水质达标。其次在设计初期，对现状沉砂池后进水水质进行分析，通过模型测算，当隧道内流速大于 0.65 m/s 时，理论上所有沙砾不会发生沉积；当流速大于 1.2 m/s 时，污水对深隧内壁有较强的冲刷力。因而在实际运行过程中，一般通过提升泵站和预处理站内部水量调配进行冲洗。当内部水量满足不了冲洗流速要求时，可通过沙湖港和严西湖两个冲洗补水点进行水量补充，以保证深隧内部污水冲刷流速达到 1.2 m/s，可有效地对可能存在的淤积沉渣进行冲刷洗净，起到对深隧内部进行冲洗清淤的作用。

项目设计的应急冲洗清淤补水点有两个，一个补水点是起段二郎庙预处理站，通过设置连通管，在现有污水输送量满足不了冲洗流速要求时，可从沙湖港提取水量，用于补充隧道内的需求，根据测算，二郎庙预处理站规模为 9.8 m/s，完全满足补水流速（1.2 m/s）处理要求。另一个补水点在武东预处理站，当 7#竖井水量和水位均正常，仅武东预处理站水量不足或水位异常时，可从严西湖（武东预

① 1 bar = 100 kPa。

处理站位于严西湖边，湖泊绿线内）补水。

② 冲洗清淤流程。

冲洗清淤分两种模式，一种是利用深隧正常运行时内部运输的污水进行冲洗清淤，其大概流程为：

a. 根据清淤需要，制定冲洗清淤方案，按方案要求启动常规清淤流程。

b. 预定冲洗开始时间和冲洗所需水量，并告知前端泵站，配合同步进行水量调配。

c. 确定冲洗前蓄水开始时间，深隧系统各站点同步响应。

d. 前端泵站储水、各预处理站提升泵站前液位蓄积。

e. 到达冲洗开始计划时间，各泵站按水量调配方案加大向深隧内部输水，确保清淤区段深隧内部污水流速大于 1.2 m/s，并持续供水冲刷。

f. 冲洗过程泵站反馈水量调度，内部污水量满足不了冲洗水量要求时，各泵站按实际液位恢复正常水量。

g. 根据冲洗效果，判断是否进行第二次储水冲洗。

h. 冲洗完毕后，各站按正常水量及液位运行，恢复常规污水输送操作流程。

另一种是深隧内部水量不足，需要外部补水满足冲洗清淤流速要求，其大概流程为：

a. 根据清淤需要，制定外部补水冲洗清淤方案，按方案要求启动常规清淤流程。

b. 根据各预处理站反馈的实际流量计算需补水流量，确定大致补水时间、取水点和各个取水点的取水量。

c. 向取水水体主管部门提交取水申请，申请批准后，向下游泵站管理单位通报外部取水冲洗（可能导致水质突变）情况。

d. 打开取水闸门，根据取水点对应的预处理站出水流量的变化控制取水流量。

e. 按照正常冲洗清淤的方案协调各预处理站，确保深隧流速在满足冲洗水速要求的同时，不超过深隧运输能力，以免引起溢流事故。

f. 外部补水冲洗清淤完成后，其他预处理站流量恢复正常水量时，逐步减小补水流量，进水流量全部恢复正常，停止补水，各预处理站按正常水量及液位运行，恢复常规污水输送操作流程。

③ 冲洗清淤注意事项。

a. 深隧冲洗清淤时，应制定配套应急预案。

b. 冲洗水量需严格计算后确定，以免超出深隧的输送能力导致启动溢流。

c. 深隧冲洗应建立专门的冲洗记录，并录入智慧运营平台。

d. 冲洗过程中各预处理站过水流量增大时，应相应增加粗细格栅等预处理设备的投用数量，确保进入深隧系统的水质不会因为水量增加而变差。

3.2.3.4 深隧及竖井常规维护

深隧及竖井内设备较少，主要为视频监控、监测仪器和仪表、小型整体式除臭通风设备及供配电设备。上述设备的日常巡查及维护可参考预处理站相关设备的日常维护要点，本节仅对涉及深隧及竖井构筑物结构的检查及维护要求进行说明（表 3.20），提升泵站及预处理站类似结构可以参考借鉴。

表 3.20 武汉大东湖深隧项目深隧及竖井构筑物常规检查及维护要求

序号	检查维修事项	周期	检查维护内容	备注
1	竖井上部的内表面	每 6 个月	检查混凝土是否裂开或损坏。若发现损坏需补充防腐和采取加固措施	—
2	竖井除渣	每 6 个月	对预留竖井和入流竖井进行浮渣清除	—
3	竖井地面结构	每 6 个月	检查结构本体及周边区域破损、脱落、塌陷情况，发现问题及时处置、修复	—
4	连接管道	每 6 个月	检查混凝土是否裂开或损坏，如有问题及时修补	—
5	处理室/检修孔	每 6 个月	检查混凝土是否裂开或损坏，如有问题及时修补	—
6	在管道连接处的迭梁框架	每年	检查连接，发现异常及时处理	—
7	竖井及连接室的水阀门	每年	检查连接及驱动器，发现异常及时处理	—
8	构筑物本体结构	每年	检查是否开裂，如有问题及时修补	—
9	由不锈钢盖子覆盖的出入口	每 2 年	检查是否侵蚀或损坏，如有问题及时恢复或处理	—
10	不锈钢外凸管和管支架	每 2 年	检查锈蚀情况，做好防腐	—

3.3　综合调度

3.3.1　调度管理

（1）调度组织

武汉大东湖深隧项目的综合运行调度由武汉市水务管理部门下属实施单位调度中心统一协调各单位，对项目内大东湖深隧系统各站点水量增减进行调度管理工作。协调调度单位，包括武汉市生态环境部门、武汉市水务部门、项目范围内各区水务管理部门及相关排水设施的运营管理单位等（表 3.21）。

项目应急调度实施主要通过智慧管理平台来实现，具体内容可详见第 5 章。

表 3.21　武汉大东湖深隧项目相关调度单位职责分工

单位名称	单位职责
负责污水管理的政府部门	负责对沙湖港罗家港流域内污水系统全面调度，总体协调局机关处室、各区相关部门、排水公司、水投公司联动，发布相关信息
负责排水管理的政府部门	负责雨水系统全面指挥调度，负责重要闸口液位控制指令发布，组织各区相关部门联动及协调工作
	负责新生路泵站、罗家路泵站的抽排工作和罗家港液位控制
负责河道管理的政府部门	负责河道水环境监控，反馈水体水质相关信息
负责水质监管的政府部门	指导各区排水公司进行关键点的水质、水量调查与监测工作，对监测数据进行统计分析
所在区水务局	结合市级对雨水、污水系统的调度，负责本区汇水区域管网的安全运行和调查，及时报告辖区最不利点液位情况，适时开展管网清淤、改造及修复；负责本区污水处理设施的运行和排水闸口的调度工作；负责本区所辖段水体水环境管控和水质检测
负责污水、排水政府管理部门的下属实施单位	负责所属污水处理厂和污水泵站的运行调度、相关闸口的启闭操作；负责及时报送所辖污水处理厂和污水泵站水量和前池水位信息；负责所辖系统关键点的水位监控与水质检测
	负责东沙初雨系统的运行调度（含调蓄池的启用与腾空、各闸门启闭），随时响应相关市区调度指令的执行
武汉大东湖深隧项目公司	负责大东湖污水传输系统项目内预处理站、提升泵站、排水深隧、管网的调度管理，按北湖厂调试水量需求，进行系统内水量分配

（2）调度原则

① 流速控制原则。

流速控制在 0.65～2.5 m/s。通过甲方提供的智慧水务平台管理，实时监控各段流速。若某个道段流速低于 0.65 m/s 时，则声光报警，提醒上游泵站或预处理站人工干预。若某个道段流速低于 0.65 m/s，而上游泵站或预处理站提升水量不足时，应立即上报大东湖深隧调度人员及排水公司总调度室，依照调度方案调节各收集管网阀门，提升进水量，满足下游运行需要。若某个道段流速超过 2.5 m/s，而下游泵站或预处理站已满负荷运行时，应立即上报大东湖深隧调度人员及排水公司总调度室，依照调度方案调节各收集管网阀门，将进水量降到合理范围内，同时保证上游外围管网不超过最高水位。

② 液位控制原则。

沙湖提升泵站主要接收水果湖泵站与东湖路泵站来水，通过预先设定的液位，控制 4 台提升泵启停，液位保持在 4.6 m 以下。高位水池最高水位 26 m，最低水位 19.23 m。

二郎庙预处理站共 6 台 160 kW 变频水泵，雨季时 5 用 1 备，远期旱季时 4 用 2 备。高低液位为 2.8～7.5 m，由 PLC 自动控制水泵开停，累计运行时间自动轮值，同时可手动控制，保持液位为 5.5 m 左右。深隧高液位报警液位为 21 m，低液位报警液位为 14 m。

落步嘴预处理站设计要求：栅前运行液位为 13.5～15.6 m。

武东预处理站主要接收贾家岭泵站与王家湾泵站来水，泵站通过进水液位情况调节潜水泵运行频率及开启台数，保持液位在较低水平。平时根据进水水位合理调度水泵开启的台数。设计运行水位为 5.5 m，停泵水位为 2.5 m，旱季最高水位为 7.2 m，雨季最高水位为 7.6 m，报警水位为 7.5 m。

当各站点雨季来水总量超过管线输水能力或北湖污水处理厂处理能力时，应及时在武汉城市排水公司总调度室的调度下，调整各站点进水量，保障系统的安全运行。

③ 流量控制原则。

沙湖提升泵站及上游二级泵站运行水量：东湖路泵站进水为 1 m^3/s；水果湖泵站进水为 1.6 m^3/s；沙湖提升泵站（周边自流）进水为 1 m^3/s，沙湖提升泵站合计最大进出水量为 3.6 m^3/s。

二郎庙预处理站运行水量：近期旱季平均处理规模为 5.67 m^3/s，雨季平均处理规模为 9.8 m^3/s；远期旱季平均处理规模为 6.36 m^3/s，旱季最大处理规模为 8.27 m^3/s。因此，二郎庙污水预处理站按照近期雨季平均处理规模 9.8 m^3/s 进行设计。考虑沙湖系统的污水经压力管道直接输送至二郎庙预处理站，因此，二郎庙预处理站的粗格栅及进水泵房的设计规模应扣除沙湖地区的污水流量约 3.6 m^3/s，即二郎庙预处理站的粗格栅及进水泵房的设计规模为 6.2 m^3/s。

落步嘴预处理站运行水量：近期旱季平均处理规模为 2.3 m^3/s，旱季最大处理规模为 3.0 m^3/s，雨季设计流量为 3.0 m^3/s。

武东预处理站及上游二级泵站运行水量：王家湾泵站进水为 0.11 m^3/s；贾家岭泵站进水为 0.3 m^3/s；武东预处理站为 0.52 m^3/s；武东预处理站合计最大进出水量为 2.5 m^3/s。

（3）调度方案

① 晴天调度方案。

北湖污水处理厂厂区深隧泵房液位运行控制在 24.5～38 m；进水泵房（白玉山收集系统）液位运行控制在 4.5～5 m。

二郎庙预处理站前池液位运行控制在 3.0～8.0 m；深隧泵房液位运行控制在 15.0～21.0 m。

沙湖提升泵站：高位水池液位运行控制在 3.0～7.0 m。

落步嘴预处理站：栅前液位运行控制在 13.5～15.6 m。

武东预处理站：栅前液位运行控制在 3.5～7.0 m。

② 汛期调度方案。

北湖污水处理厂满负荷运行，各站分配水量，优先减少二郎庙预处理站负荷。

沙湖系统全力输送至二郎庙站，水果湖泵站液位上涨至 19.6 m 时，排水公司报请武昌区水务局开启水果湖内闸、联动水投启动东沙初雨调蓄池，水果湖区域道路漫溢开启水果湖外闸甚至茶港闸。

优先确保北湖厂达到 80 万 t/d 运行负荷，排水公司调度二郎庙预处理站、落步嘴预处理站、武东预处理站及其他泵站按北湖污水处理厂现行处理量进行配水，其他收集系统参照之前经验进行调度控制。

雨天沙湖提升泵站保持全力抽排，最大能力转输至二郎庙预处理站。落步嘴预处理站和武东预处理站按液位控制调整抽排量输送至北湖污水处理厂。

东沙初雨调蓄系统在降雨时可提前开启初雨调蓄池和1#闸（响应参考：水果湖泵站前池液位 19.6 m 开启水果湖内闸后，液位继续上涨）。当东沙初雨调蓄池装满后关闭3#闸，原则上优先开启4#闸，其次开启水果湖外闸，尽量避免开启茶港外闸。

雨天新生路雨水泵站开机抽排控制前池液位在 19.9 m 以内，罗家路泵站开机抽排控制前池液位在 18.7 m 以内。

现有各厂保持满负荷运行状态下，外围各泵站、闸口管理执行市水务局颁布的东沙湖运行调度方案。

3.3.2 隧道防淤积

排水隧道防淤积主要通过在已建立的项目智慧运营平台上构建的水利学模型、淤积模型，对采集的 SS、流速与模拟得到的淤积厚度 3 个指标，根据其不同的风险权重，对深隧淤积风险进行模拟与评估。系统每 15 min 进行一次淤积风险模拟计算，将计算得到的各管段风险等级渲染不同颜色，并结合 GIS 进行直观展示，使运营管理人员能够实时掌握各管段的淤积风险并及时制定冲淤方案，预防深隧淤积。

（1）防淤积模型构建

淤积模型将淤积过程分为沉积与冲刷两个过程，其沉积过程可按下式计算：

$$M_s(t)=M_{max}\left[v\times(t-t_0)/h\right]$$

式中，$M_s(t)$为沉积物在时间 t 时的沉积质量，kg；t 为沉积时间，s；M_{max} 为沉积物的最大沉积量，kg；v 为淤积速度，m/s；h 为水深，m；t_0 为沉积物体积为 0 的时刻。

冲刷再悬浮过程计算公式如下：

$$M_w(t)=k(v)\times M_s(t)$$

式中，$M_w(t)$为沉积物在时间 t 时被冲刷的质量，kg；$k(v)$为冲刷系数，由与流速 v 有关的曲线决定，该曲线后期将根据实际监测数据进行校正。

最终沉积物体积的计算公式为

$$V(t)=\left[M_s(t)-M_w(t)\right]/\rho$$

式中，$V(t)$为沉积物在时间 t 时的沉积体积，m^3；ρ 为沉积物密度，kg/m^3，通过检测得到。根据沉积物体积和对应的单位面积，可以计算近似的淤积厚度。

（2）淤积风险评估

根据 SS 浓度、流速与模拟得到的淤积厚度 3 个指标，及其淤积风险权重进行模拟与淤积评估，为后续淤积应对提供决策支持。

表 3.22　武汉大东湖深隧淤积风险权重模拟结果系数

项目		淤积厚度 h_s/cm	淤积速度 v/（m/s）	SS 浓度 c_{SS}/（mg/L）
权重系数		α_1	α_2	α_3
风险等级（由低到高）	1	$<h_{s1}$	$>v_1$	$<c_{SS1}$
	2	$h_{s1}\sim h_{s2}$	$v_1\sim v_2$	$c_{SS1}\sim c_{SS2}$
	3	$h_{s2}\sim h_{s3}$	$v_2\sim v_3$	$c_{SS2}\sim c_{SS3}$
	4	$h_{s3}\sim h_{s4}$	$v_3\sim v_4$	$c_{SS3}\sim c_{SS4}$
	5	$>h_{s4}$	$>v_4$	$>c_{SS4}$

淤积厚度、流速、SS 对应的权重系数：

$$\alpha_1+\alpha_2+\alpha_3=1$$

最终风险等级按下式计算：

$$R=\alpha_1\times R_h+\alpha_2\times R_v+\alpha_3\times R_{SS}$$

式中，R 为最终风险等级；R_h 为基于淤积厚度的风险等级；R_v 为基于流速的风险等级；R_{SS} 为基于 SS 浓度的风险等级。

系统基于在线模型每 15 min 进行一次淤积风险的模拟计算，将计算得到的各管段风险等级渲染不同颜色，绿色代表低风险，红色代表高风险。结合 GIS 进行直观展示，使管理人员能够实时掌握各管段的淤积风险，并及时制定冲淤方案。

（3）淤积应对

针对深隧防淤积问题，智慧运营平台根据模拟计算的淤积风险等级，协助运营人员进行不同冲淤方案的效果模拟，筛选最优水量调度方案，冲淤水量调度模拟如图 3.22 所示。

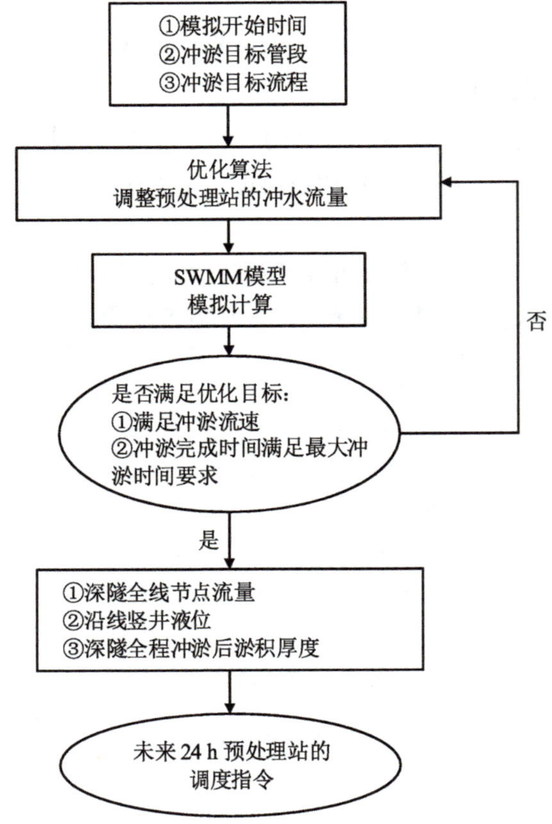

图 3.22　冲淤水量调度模拟逻辑图

调度中心依据筛选出的方案为各预处理站分配输水量，并结合入流竖井控制液位和深隧控制流速向各预处理站下发调度指令，各站管理人员根据指令调整水泵开启台数及频率，以达到分配输水量，提高深隧流速后冲淤。待平台防淤积层反馈的淤积风险降为低风险时，系统回归正常运行状态。

3.3.3　应急管理

3.3.3.1　水量波动

武汉大东湖深隧项目存在进入深隧系统水量不足的风险，如发生此项事件，则应立即启动应急预案，上报项目公司领导并申请补水调度。

当各站点水位不满足最低水量需求时，调度中心协调武汉市水务局、武汉市水务执法总队、洪山区水务局、东湖风景区，并上报引水方案。引水方案主要内容包括：二郎庙预处理站从沙湖港引东湖的水量及时间段；武东预处理站从严西湖的引水量及时间段。引水方案通过后启动二郎庙、武东引水程序，加大二郎庙、武东进水量，调度二郎庙预处理站、武东预处理站入隧水量，协调北湖污水处理厂加大抽排水量，使流速满足冲刷时的最小流速。

深隧计划无外部补水冲洗流程。

① 预定冲洗开始时间和冲洗所需水量，并告知前端泵站管理单位。

② 前端泵站水量调控结果反馈。

③ 确定冲洗开始时间。

④ 前端泵站储水，冲洗过程水量调配方案。

⑤ 到达冲洗开始计划时间，各泵站按水量调配方案开始深遂冲洗。

⑥ 冲洗过程泵站反馈水量调度，各泵站按实际液位恢复正常水量。

⑦ 所有泵站都按实际水位恢复正常水量，或大流量冲洗时间达到计划冲洗时间的 2 倍，强制恢复正常水量，冲洗停止。

深隧应急补水冲洗流程。

① 深隧流量下降，上游泵站确认无法通过调度恢复正常水量。

② 根据各预处理站反馈的实际流量计算需补水流量，确定大致补水时间、取水点和各个取水点的取水量。

③ 向取水水体主管部门提交取水申请，申请批准后，向下游泵站管理单位通报外部取水冲洗（可能导致水质突变）情况。

④ 打开取水闸门，根据取水点对应的预处理站出水流量的变化控制取水流量。

⑤ 其他预处理站流量恢复正常水量时，逐步减小补水流量，进水流量全部恢复正常后停止补水。

3.3.3.2 电网波动

（1）二郎庙预处理站

① 二郎庙预处理站供电源为双回路供电，分别为汪家墩线和梨园线。当其中

一条线路停电，则会倒闸至另一条电源，尽快恢复预处理站正常生产运行，同时将倒闸情况做好记录，并及时上报排水公司总调度室。

② 若二郎庙预处理站双回路供电均停电，二郎庙站通知北湖污水处理厂减频，低流量保持运行，完成操作后向调度室报备。

③ 调度室通知沙湖提升泵站，关闭沙湖大道进水闸，并通知水果湖泵站、东湖路泵站、新生路泵站逐步减停。

④ 排水公司总调度室报请上级水务主管部门同意后，下指令开启相应闸口。

（2）沙湖提升泵站

① 沙湖提升泵站供电源为双回路供电，分别为乐业线和沙湖大桥线。当其中一条线路停电，则会倒闸至另一条电源，尽快恢复提升泵站正常生产运行，同时将倒闸情况做好记录，并及时上报排水公司总调度室。

② 若沙湖提升泵站双回路供电均停电，沙湖提升泵站通知二郎庙预处理站减频并保持运行，完成操作后向调度室报备。

③ 沙湖提升泵站停电，水果湖泵站和东湖路泵站汇集的高位水池暂不受影响。

（3）落步嘴预处理站

① 落步嘴预处理站供电源为双回路供电，分别为北首线和北茂线。当其中一条线路停电，则会倒闸至另一条电源，尽快恢复提升泵站正常生产运行，同时将倒闸情况做好记录，并及时上报排水公司总调度室。

② 若落步嘴预处理站双回路供电均停电，落步嘴预处理站通知北湖污水处理厂观察液位运行，完成操作后向调度室报备。

③ 调度室通知落步嘴预处理站增加水量。

（4）武东预处理站

① 武东预处理站供电源为双回路供电，分别为青化路线和武东村线。当其中一条线路停电，则会倒闸至另一条电源，尽快恢复提升泵站正常生产运行，同时将倒闸情况做好记录，并及时上报排水公司总调度室。

② 若武东预处理站双回路供电均停电，武东预处理站通知北湖污水处理厂观察液位运行，完成操作后向调度室报备。

③ 调度室通知北湖泵站、王家湾泵站、贾家岭泵站停产。

第4章

运维安全要点

4.1 现场风险识别与隐患排查

4.1.1 危险和有害因素识别

（1）危险有害因素的辨识

按照《生产过程危险和有害因素分类与代码》（GB/T 13861—2022）开展危险和有害因素识别。

为了方便、有序地进行危险有害因素识别，宜按场站、平面布局、建（构）筑物、生产工艺及设备、辅助生产设施（包括公用工程）、作业环境等方面，分别分析其存在的危险有害因素。

对重大危险有害因素，不仅要分析正常生产、运输、操作、维修时的危险有害因素，更重要的是要分析设备、装置遭到破坏及操作失误时可能会产生严重后果的危险有害因素。

（2）风险评价

采用格雷厄姆风险评估法。本方法是一种简便易行的半定量风险评价法，公式如下：

$$D=L\times E\times C$$

式中，D 为风险值；L 为发生事故的可能性，取值标准见表 4.1；E 为暴露于危险环境的频繁程度，取值标准见表 4.2；C 为发生事故产生的后果，取值标准见表 4.3。

表 4.1　事故事件发生的可能性（L）判断准则

分值	事故、事件或偏差发生的可能性
10	完全可以预料
6	相当可能；或危险有害的发生不能被发现（没有监测系统）；或在现场没有采取防范、监测、保护、控制措施；或在正常情况下经常发生此类事故、事件或偏差
3	可能，但不经常；或危险有害的发生不容易被发现；或现场没有检测系统或保护措施（如没有保护装置、没有个人防护用品等），也未做过任何监测；或未严格按操作规程执行；或在现场有控制措施，但未有效执行或控制措施不当；或危险有害在预期情况下发生

分值	事故、事件或偏差发生的可能性
1	可能性小，完全意外；或危险有害的发生容易被发现；或现场有监测系统或曾经做过监测；或过去曾经发生类似事故、事件或偏差；或在异常情况下发生过类似事故、事件或偏差
0.5	很不可能，可以设想；危险有害一旦发生能及时发现，并能定期进行监测
0.2	极不可能；有充分、有效的防范、控制、监测、保护措施；或员工安全防范意识相当高，严格执行操作规程
0.1	实际不可能

表 4.2　暴露于危险环境的频繁程度（*E*）判断准则

分值	频繁程度	分值	频繁程度
10	连续暴露	2	每月一次暴露
6	每天工作时间内暴露	1	每年几次暴露
3	每周一次或偶然暴露	0.5	非常罕见的暴露

表 4.3　发生事故事件偏差产生的后果严重性（*C*）判别准则

分值	法律法规及其他要求	人员伤亡	财产损失	停工	企业形象
100	严重违反法律法规和标准	10 人以上死亡，或 50 人以上重伤	5 000 万元以上直接经济损失	企业停产	重大国际、中国大陆影响
40	违反法律法规和标准	3 人以上 10 人以下死亡，或 10 人以上 50 人以下重伤	1 000 万元以上 5 000 万元以下直接经济损失	装置停工	行业内、省内影响
15	潜在违反法律法规和标准	3 人以下死亡，或 10 人以下重伤	100 万元以上 1 000 万元以下直接经济损失	部分装置停工	地区影响
7	不符合上级或行业的安全方针、制度、规定等	丧失劳动力、截肢、骨折、听力丧失、慢性病	10万元以上100万元以下直接经济损失	部分设备停工	企业及周边范围
2	不符合企业的安全操作程序、规定	轻微受伤、间歇不舒服	1 万元以上 10 万元以下直接经济损失	1 套设备停工	引人关注，不利于企业形象
1	完全符合	无伤亡	1 万元以下直接经济损失	没有停工	形象没有受损

风险值 D 求出之后，根据表 4.4 确定风险级别。

表 4.4 风险等级判定准则（D）

风险类别	风险程度	风险级别	LEC 风险值
重大风险（红色风险）	极其危险，不能继续作业	一级（Ⅰ）	＞320
较大风险（橙色风险）	高度危险，需要立即整改，必须制定管控措施	二级（Ⅱ）	160～320（含）
一般风险（黄色风险）	显著危险，需要整改	三级（Ⅲ）	70～160（含）
低风险（蓝色风险）	一般危险，需要注意	四级（Ⅳ）	≤70

（3）风险源评价表

项目应成立风险源评估小组，由运营负责人、设备、电气、工艺、安全等管理人员及其他相关人员组成，运营负责人任小组组长。风险评价后，应经风险源评估小组进行汇总、评审后，形成《运营生产风险源评价表》，作为项目日常安全管理的重要指导文件。表 4.5 为武汉大东湖深隧项目运营生产风险源评估表，供参考。

表 4.5 武汉大东湖深隧项目运营生产风险源评估表

区域/工序	危险源	危险有害因素	可能导致的后果	作业条件风险评价法				风险级别	风险类别
				L	E	C	D		
构筑物	进出水渠	强度不够、耐腐蚀性差	淤积、坍塌	0.5	10	2	10	4	低风险
	池体	结构强度不够、耐腐蚀性差	变形、裂缝、破坏	0.5	10	7	35	4	低风险
	盖板	强度不够、防护缺陷	淹溺、高处坠落	3	6	15	270	2	较大风险
闸（阀）门	工作闸门止水	暴露、磨损、侵蚀性介质	止水老化及破损，渗漏	3	1	2	6	4	低风险
	工作闸门门体及埋件	碰撞、锈蚀	影响闸门启闭	3	1	2	6	4	低风险
	工作闸门开度限位装置	功能失效	闸门启闭无上下限保护	1	1	7	7	4	低风险

区域/工序	危险源	危险有害因素	可能导致的后果	作业条件风险评价法				风险级别	风险类别
				L	E	C	D		
粉碎格栅	栅条	堵塞	影响正常运行	3	3	1	9	4	低风险
	清理工具	强迫体位、综合性作业环境不良	人身伤害	3	3	1	9	4	低风险
	电机	损坏	影响正常运行	3	3	1	9	4	低风险
粗格栅	齿轮电机	损坏	影响正常运行	3	3	1	9	4	低风险
	清理系统	损坏	影响正常运行	3	3	1	9	4	低风险
	钢丝绳	断裂	影响正常运行	3	1	1	3	4	低风险
	轴承	损坏	影响正常运行	3	1	1	3	4	低风险
	尼龙轮	损坏	影响正常运行	3	1	1	3	4	低风险
	接近开关	损坏	影响正常运行	3	1	1	3	4	低风险
皮带输送机	辊筒电机	损坏	影响正常运行	3	1	1	3	4	低风险
	轴承	损坏	影响正常运行	3	1	1	3	4	低风险
	导向轮	损坏	影响正常运行	3	1	1	3	4	低风险
	皮带	损坏	影响正常运行	3	1	1	3	4	低风险
提升泵	泵房	厂房结构强度不够、耐腐蚀性差、泵房屋面及外墙防水	变形、裂缝、破坏	0.5	10	7	35	4	低风险
	电机	损坏	影响正常运行	3	3	2	18	4	低风险

区域/工序	危险源	危险有害因素	可能导致的后果	作业条件风险评价法				风险级别	风险类别
				L	*E*	*C*	*D*		
提升泵	叶轮	堵塞	影响正常运行	3	3	1	9	4	低风险
	吊链	强度不够、耐腐蚀性差	影响维护	3	2	7	42	4	低风险
	电缆	线路老化、绝缘能力降低、磨损、绞断	影响正常运行	3	1	7	21	4	低风险
	机封	损坏、泄漏	影响正常运行	3	1	1	3	4	低风险
	轴承	磨损、损坏	影响正常运行	3	1	1	3	4	低风险
电动葫芦	电动葫芦	未及时维修养护	人身伤害	3	3	7	63	4	低风险
电气设备	供电、变配电设备电缆	线路老化、绝缘能力降低	触电、设备损坏	1	10	2	20	4	低风险
	仪表	数值不准	影响正常运行	1	10	2	20	4	低风险
	设备接地	未检查接地	触电、设备损坏	1	10	2	20	4	低风险
	电气柜	柜门密封性不好	影响设备运行、造成短路	3	10	2	60	4	低风险
管理设施	通信及预警设施	设施损坏	影响工程调度运行、防汛抢险	1	10	2	20	4	低风险
	闸门远程控制系统	功能失效	影响闸门启闭	1	10	2	20	4	低风险
	网络设施	设施损坏	影响闸门启闭	1	10	2	20	4	低风险
	防汛抢险照明设施	设施损坏	影响夜间防汛抢险	0.5	10	2	10	4	低风险
	防雷保护系统	功能失效	电气系统损坏，影响工程运行安全	1	10	2	20	4	低风险

区域/工序	危险源	危险有害因素	可能导致的后果	作业条件风险评价法				风险级别	风险类别
				L	E	C	D		
作业活动	机械作业	违章指挥、违章操作、违反劳动纪律、未正确使用防护用品、无证上岗	机械伤害	1	2	7	14	4	低风险
	起重、搬运作业		起重伤害、物体打击	3	3	15	135	3	一般风险
	提升泵井口、池体预留洞口等高空作业		高处坠落、物体打击、淹溺	6	2	15	180	2	较大风险
	电焊作业		灼烫、触电、火灾	3	2	15	90	3	一般风险
	带电作业		触电	3	2	15	90	3	一般风险
	池体清淤等有限空间作业		淹溺、窒息、坍塌	6	2	15	180	2	较大风险
	水上观测与检查作业		淹溺	3	3	15	135	3	一般风险
	车辆行驶		车辆伤害	1	3	15	45	4	低风险
	员工操作、巡检	未遵守安全操作规程或操作技能不熟、未按要求巡检	影响项目运行管理	3	6	7	126	3	一般风险
管理体系	机构组成与人员配备	机构不健全	影响项目运行管理	0.2	10	2	4	4	低风险
	安全管理规章制度与操作规程制定	制度不健全	影响项目运行管理	1	10	2	20	4	低风险
	维修养护物资准备	物资准备不足	影响项目运行安全	0.5	10	2	10	4	低风险
	人员和工程维修养护经费落实	经费未落实	影响项目运行管理	0.5	10	2	10	4	低风险

区域/工序	危险源	危险有害因素	可能导致的后果	作业条件风险评价法				风险级别	风险类别
				L	E	C	D		
管理体系	管理、作业人员教育培训	培训不到位	影响项目运行安全、人员作业安全	0.5	10	2	10	4	低风险
	职业安全防卫	经费投入不足	影响项目运行安全、人员作业安全	0.5	6	7	21	4	低风险
运行管理	管理和保护范围划定	范围不明确	影响项目运行管理	0.5	10	2	10	4	低风险
	应急预案编制、报批、演练	未编制、报批或演练	影响项目防汛抢险	0.5	10	2	10	4	低风险
	监测资料整编分析	未落实	不能及时发现项目隐患	0.5	10	2	10	4	低风险
	维修养护计划制订	未制订	不能及时消除项目隐患	0.5	10	2	10	4	低风险
	操作票、工作票管理及使用	未落实	影响项目运行管理	1	10	2	20	4	低风险
	警示、禁止标识设置	设置不足	影响项目运行安全、人员安全	1	10	2	20	4	低风险
自然环境	雷电、暴雨、暴雪、台风等恶劣天气	防护措施不到位、极端天气前后的安全检查不到位	影响项目运行安全	3	1	2	6	4	低风险
	老鼠、蛇等	打洞、伤人	影响项目运行安全	3	1	2	6	4	低风险
	高温湿热天气	防暑降温措施不到位	中暑	6	6	2	72	3	一般风险

区域/工序	危险源	危险有害因素	可能导致的后果	作业条件风险评价法				风险级别	风险类别
				L	*E*	*C*	*D*		
工作环境	斜坡、步梯、通道、作业场地	结冰或湿滑	高处坠落、扭伤、摔伤	0.5	2	2	2	4	低风险
	邻边、邻水部位	防护措施不到位	高处坠落、淹溺	6	2	15	180	2	较大风险
	有毒有害气体	防护措施不到位	中毒	1	6	15	90	3	一般风险
	细菌、病毒	防护措施不到位	感染病毒	3	1	2	6	4	低风险
	停电	停产	影响项目运行	1	10	2	20	4	低风险

4.1.2　隐患排查

（1）安全检查方式

安全检查的方式可以分为综合性、日常性、定期性（季节性和节日前）、专业性等，见表4.6。

表4.6　武汉大东湖深隧项目安全检查要求

检查方式	内容	检查频率	检查负责人（部门）
综合性安全检查	泵站、预处理站对安全制度的执行情况，安全培训情况、现场环境卫生、设施设备隐患及整改、安全台账建立等	每月一次	项目公司领导、安全员
日常性安全检查	① 人员操作、检修行为、防护用品配戴等； ② 设施、设备、防火、环境不良等； ③ 药剂物料摆放、定位及危险品使用放置情况； ④ 特种设备维护、特种作业执行情况； ⑤ 站内施工及外来人员、车辆等情况	至少每周一次	站长

检查方式	内容	检查频率	检查负责人（部门）
定期性安全检查	①“五一”“十一”“春节”等各种重大节日前进行一次防火、防盗、防电器事故和人员行为的重点检查； ②春季检查以防雷、防静电、防池体、楼梯等建筑物倒塌为重点； ③夏季检查以防暑降温、防台风、防汛为重点； ④秋季检查以防火、防冻保温为重点； ⑤冬季检查以防火、防爆、防管道冻裂、防滑跌为重点	各种节日或季节变换前实施	站长或安全员
专业性安全检查	①变电站、高压室等各种电气机械设施、设备； ②危险化学品； ③特种设备、消防设施等	根据各自工作情况至少每季度一次	项目公司安全员

（2）隐患排查台账

各站对查出的隐患问题按照“四定”要求制订整改计划，按计划逐项实施整改，并对整改结果确认。“四定”即定临时防护措施、定整改措施、定负责人、定完成期限。

4.2 特种作业管理

特种作业是指在劳动过程中容易发生伤亡事故，对操作者和他人以及周围设施的安全有重大危害因素的作业。特种作业人员是指直接从事特种作业的从业人员。特种作业现场往往是多人伤害、机械伤害、触电、高空坠落等事故的高发区，安全形势严峻。

武汉大东湖深隧项目运营过程中可能涉及有限空间作业、高处作业、动火作业、起重吊装作业等特种作业。

4.2.1 有限空间作业

有限空间是指封闭或半封闭、进出口受限但人员可以进入，未被设计为固定工作场所，通风不良，易造成有毒有害、易燃易爆物质积聚或含氧量不足的空间。

一般具备以下特点：

① 空间有限，与外界相对隔离。

② 进出受限或进出不便，但人员能够进入并开展有关工作。

③ 未按固定工作场所设计，人员只是在必要时进入有限空间进行临时性工作。

④ 通风不良，易造成有毒有害、易燃易爆物质积聚或含氧量不足。

有限空间作业存在的主要安全风险包括中毒、缺氧窒息、燃爆以及淹溺、高处坠落、触电、物体打击、机械伤害、灼烫、坍塌、掩埋、高温高湿等。在某些环境下，上述风险可能共存并具有隐蔽性和突发性。有限空间作业管理流程如图 4.1 所示。

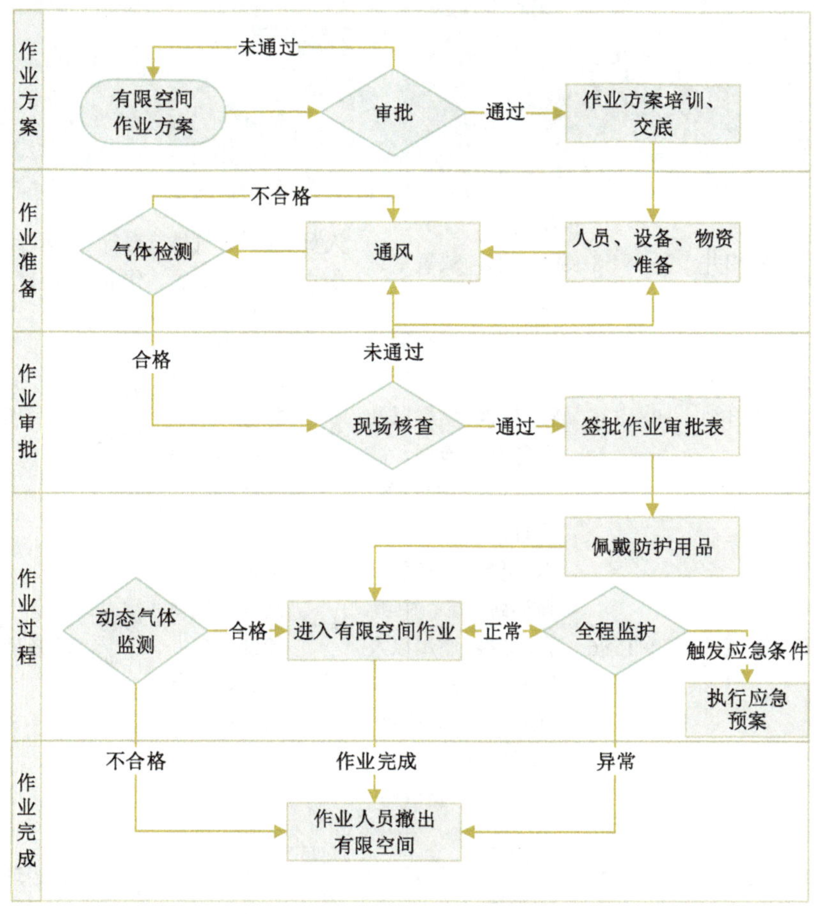

图 4.1 有限空间作业管理流程

（1）明确人员职责

有限空间作业前应确定作业现场负责人、安监人员、分包单位负责人、监护人员、作业人员，并明确其安全职责。根据作业现场实际情况，人员数量较少、风险较小的作业现场负责人可兼任监护人员。

（2）有限空间管理台账

有限空间管理台账应包括有限空间区域、名称、尺寸、作业类型、安全风险类型、可能事故后果、防护要求、作业形式、审批责任人和现场责任人等（表 4.7）。

表 4.7 武汉大东湖深隧项目有限空间管理台账

序号	区域	名称	尺寸/m	作业类型	安全风险类型	可能事故后果	防护要求	作业形式（自行作业或发包作业）	审批责任人	现场责任人
1	提升泵房	阀门井	3×5×1.8	手动切换阀门、巡查	缺氧窒息	人员伤亡	通风、气体检测（氧）	自行作业	运行经理	班组长
2	提升泵房	提升池	10×15×6	清理淤泥、更换泵导杆	缺氧窒息、中毒、燃爆以及淹溺、高处坠落	人员伤亡	清淤方案、通风、气体检测（氧、硫化氢、易燃气体）	发包作业	总经理	生产副总
3	曝气池	曝气池	30×15×6	清理淤泥、更换排砂螺杆、更换曝气管或曝气头等	缺氧窒息、中毒、燃爆以及淹溺、高处坠落	人员伤亡	清淤方案、通风、气体检测（氧、硫化氢、易燃气体）	发包作业	总经理	生产副总
4	废水池	废水坑	4×3×4	清理淤泥及杂物	缺氧窒息、中毒、燃爆以及淹溺、高处坠落	人员伤亡	清淤方案、通风、气体检测（氧、硫化氢、易燃气体）	发包作业	总经理	生产副总

序号	区域	名称	尺寸/m	作业类型	安全风险类型	可能事故后果	防护要求	作业形式（自行作业或发包作业）	审批责任人	现场责任人
5	除臭系统	生物滤池	6×3×4	生物滤池内清理、更换填料、维护及检修作业	缺氧窒息、中毒、燃爆以及淹溺、高处坠落	人员伤亡	清淤方案、通风、气体检测（氧、硫化氢、易燃气体）	发包作业	总经理	生产副总

（3）制定有限空间作业方案

作业前应由作业负责人编制相应的有限空间作业方案，经工艺、设备、安全等相关部门评审，经项目经理签字确认后，方可按照方案开展相应的有限空间作业。

涉及潜水作业的，有限空间作业方案须报安监部门审批。

（4）作业准备

① 应在作业现场设置围挡，封闭作业区域，并在进出口周边显著位置设置安全警示标志及安全告知牌。

② 有限空间作业必须严格遵守“先通风、再检测、后作业”原则。作业人员站在有限空间外上风侧，打开进出口进行自然通风。可根据具体情况在窨井盖下设置送排风机，进行强制通风。若存在爆炸危险的，开启时应采取防爆措施；若受进出口周边区域限制，作业人员开启时可能接触有限空间内涌出的有毒有害气体的，应佩戴相应的呼吸防护用品。

③ 作业前应根据有限空间内可能存在的气体种类做针对性检测，应至少检测氧气、可燃气体、硫化氢和一氧化碳。检测人员应当记录检测的时间、地点、气体种类、浓度等信息，并在气体检测记录表上签字。有限空间内气体浓度检测合格后方可作业。

④ 经检测，有限空间内气体浓度不合格的，或可能转变为不合格的，必须对有限空间进行强制通风，应确保持续有效通风。

⑤ 对有限空间进行强制通风一段时间后，应再次进行气体检测。检测结果合格后方可作业；检测结果不合格的，不得进入有限空间作业，必须继续进行通风，并分析造成气体浓度不合格的原因，采取更具针对性的防控措施。

⑥ 作业前应对安全防护设备、个体防护用品、应急救援装备、作业设备和用具的齐备性与安全性进行检查，发现问题应立即修复或更换。当有限空间可能为易燃易爆或潮湿环境时，设备和用具应符合防爆安全或低压要求。

⑦ 在气体检测结果合格的基础上，作业人员在进入有限空间前，还应根据作业环境选择并佩戴符合要求的个体防护用品与安全防护设备。主要有安全帽、全身式安全带、安全绳、呼吸防护用品、便携式气体检测报警仪、照明灯、对讲机、供氧式自救器等，防范有限空间内的未知情况。

⑧ 供排水有限空间作业前应勘察排水设施上下游和作业点周围情况，根据作业方案做好降水措施，满足有限空间作业要求。

（5）作业审批

应严格执行有限空间作业审批制度，作业许可证应由作业班组负责人发起，运营副总或专职安全员现场核查，项目负责人或运营副总应在有限空间作业许可证上签字确认，未经审批不得擅自开展有限空间作业。

根据有限空间作业方案，审核项目现场负责人、安监人员、分包单位负责人、监护人员、作业人员是否匹配，并抽查相关人员是否了解所在岗位的职责、工作内容、安全注意事项等。

现场审核作业环境、作业程序、安全防护设备、个体防护装备及应急救援设备设施是否符合要求。

同一有限空间、同一作业内容办理一张有限空间作业许可证，当位置、环境、作业流程发生变化时应重新办理。

有限空间作业许可证有效期限为一个班次，且不超过 12 h。武汉大东湖深隧项目有限空间作业许可证见表 4.8。

表 4.8 武汉大东湖深隧项目有限空间作业许可证

编号：

<table>
<tr><td>所属单位</td><td colspan="3"></td><td colspan="2">作业地点</td><td colspan="3"></td></tr>
<tr><td>作业内容</td><td colspan="8"></td></tr>
<tr><td>主要危险有害因素</td><td colspan="6"></td><td>风险等级</td><td></td></tr>
<tr><td>作业人员</td><td colspan="8">签名：　共______人</td></tr>
<tr><td rowspan="2">进入前检测数据</td><td>检测项目</td><td>氧气</td><td>可燃气体</td><td>硫化氢</td><td>一氧化碳</td><td>其他</td><td>监护人员</td><td></td></tr>
<tr><td>检测结果</td><td></td><td></td><td></td><td></td><td></td><td>检测时间</td><td></td></tr>
<tr><td>核准作业时间</td><td colspan="8">年　月　日　时　分
至　月　日　时　分</td></tr>
<tr><td>序号</td><td colspan="6">核准主要安全措施</td><td colspan="2">确认情况</td></tr>
<tr><td>1</td><td colspan="6">作业前打开通风孔通风 30 min 以上</td><td colspan="2"></td></tr>
<tr><td>2</td><td colspan="6">持有限空间培训合格证人员（　）人；交通疏解员：</td><td colspan="2"></td></tr>
<tr><td>3</td><td colspan="6">扩散式气体检测仪（　）台；泵吸式气体检测仪（　）台；通风风机（　）台</td><td colspan="2"></td></tr>
<tr><td>4</td><td colspan="6">照明设施（　）个；对讲机（　）台</td><td colspan="2"></td></tr>
<tr><td>5</td><td colspan="6">发电机（　）台；潜水泵（　）台</td><td colspan="2"></td></tr>
<tr><td>6</td><td colspan="6">防毒面罩（　）个；三脚架（　）个；防坠器（　）个；上下爬梯（　）个；五点式安全带（　）条；安全绳（　）条</td><td colspan="2"></td></tr>
<tr><td>7</td><td colspan="6">危险因素告知牌（　）个；施工区域全封闭</td><td colspan="2"></td></tr>
<tr><td>8</td><td colspan="6">其他补充安全措施：</td><td colspan="2"></td></tr>
<tr><td colspan="3">作业申请人（作业单位现场负责人）
签名：</td><td colspan="4">作业核准人（项目责任工程师）
签名：</td><td colspan="2">作业审批人（项目建管部经理或工区经理）
签名：</td></tr>
<tr><td>工作结束确认</td><td colspan="8">现场责任工程师签名：
年　月　日</td></tr>
</table>

4.2.2 高处作业

凡在坠落高度基准面 2 m 及以上可能坠落的高处作业均称为高处作业。在高处作业时，如果未防护、防护不好或作业不当都可能发生人或物体坠落。人从高处坠落的事故称为高处坠落事故；物体从高处坠落砸到下面人的事故称为物体打击事故。

（1）高处作业的基本类型

设备检修施工中的高处作业主要包括临边、洞口、攀登、悬空、交叉 5 种基本类型。

① 临边作业是指施工现场作业中，工作面边沿无围护设施或围护设施高度低于 80 cm 的高处作业。临边高度越高，危险性越大。

② 洞口作业是指在孔与洞口旁边的高处作业，包括施工现场及通道旁深度 2 m 及以上的桩孔、人孔、沟槽与管道、孔洞的边沿上的作业。

③ 攀登作业是指借助登高用具或登高设备在攀登条件下的高处作业。

④ 悬空作业是指在周边临空状态下的高处作业。

⑤ 交叉作业是指在施工现场的上下不同层次，于空间贯通状态下同时进行的高处作业。

（2）高处作业安全隐患（表 4.9）

表 4.9 武汉大东湖深隧项目高处作业安全隐患

分类	安全隐患原因	防护措施
高处坠落	① 高处作业思想不集中或开玩笑、追逐、嬉闹。 ② 精神状态不佳，如因睡眠或休息不足而精神不振，酒后登高作业。 ③ 高处作业地点无栏杆。 ④ 操作人员操作不当。 ⑤ 高处作业不带工具袋，手抓物件而失足坠落。 ⑥ 高处作业不系安全带。 ⑦ 通道上摆放过多物品。 ⑧ 脚手架不按规定搭设，梯子摆放不稳	① 工作前进行安全分析，并组织安全技术交底。 ② 患有职业禁忌证和年老体弱、疲劳过度、视力不佳等人员，不准进行高处作业。 ③ 穿戴劳动保护用品，正确使用防坠落用品与登高器具、设备。 ④ 用于高处作业的防护措施，不得擅自拆除。 ⑤ 作业人员应从规定的通道上下，不得在非规定的通道攀登，也不得任意利用吊车臂架等施工设备攀登

分类	安全隐患原因	防护措施
高空落物	① 起重机械超重或操作失误造成机械损坏、倾倒、吊件坠落。 ② 各种起重机具（钢丝绳、卸卡等）因承载力不够而被拉断或折断，导致落物。 ③ 用于承重的平台承载力不够而使物件坠落。 ④ 起吊过程吊物上零星物件没有捆绑或清理而坠落。 ⑤ 高空作业时拉电源线或皮管时，将零星物件拖带坠落或行走时将物件碰落。 ⑥ 在高空持物行走或传递物品时失手将物件跌落。 ⑦ 在高空切割物件材料时无防坠落措施。 ⑧ 向下抛掷物件	① 对于重要、大件吊装，必须制定详细吊装施工技术措施与安全措施，并由专人负责，统一指挥，配置专职安监人员。 ② 非专业起重工不得从事起吊作业。 ③ 各个承重临时平台要进行专门设计并核算其承载力，焊接时由专业焊工施焊并经检查合格后才允许使用。 ④ 起吊前对吊物上杂物及小件物品进行清理或捆绑。 ⑤ 从事高空作业时必须佩戴工具袋，大件工具要绑上保险绳。 ⑥ 加强高空作业场所及脚手架上小件物品的清理、存放管理，做好物件防坠落措施。 ⑦ 上下传递物件时要用绳传递，不得上下抛掷。传递小型工件或工具时使用工具袋。 ⑧ 尽量避免交叉作业，拆架或起重作业时，作业区域设警戒区，严禁无关人员进入。 ⑨ 高空切割物件时应有防坠落措施。 ⑩ 起吊零散物品时要用专用吊具起吊

（3）高处作业前的安全要求

作业前。

① 高处作业前应针对作业内容进行危险辨识，并制定相应的作业程序及安全措施。将辨识出的危害因素写入高处安全作业证，并制定出相应的安全措施。

② 高处作业应急预案内容包括作业人员紧急状况时的逃生路线和救护方法，现场应配备的救生设施和灭火器材等。相关人员应熟知应急预案的内容。

③ 在紧急状态下（在下列情况下进行高处作业的）应执行单位的应急预案。

a. 在 6 级及以上强风、浓雾等恶劣天气下露天攀登与悬空高处作业的；

b. 在邻近有排放有毒有害气体、粉尘的放空管线或烟囱的场所进行高处作业时，作业点的有毒物浓度不明的。

④ 高处作业前作业单位现场负责人应对高处作业人员进行必要的安全教育，交代现场环境和作业安全要求及作业中遇到意外时的处理和救护方法。

⑤ 高处作业前作业单位应制定安全措施并填入高处安全作业证内。

⑥ 高处作业前作业人员应查验高处安全作业证，检查验收安全措施落实后方可作业。进行高处作业时，应符合国家现行的有关高处作业及安全技术标准的规定。

作业过程中。

① 作业单位负责人应对高处作业安全技术负责，并建立相应的责任制。

② 高处作业人员及搭设高处作业安全设施的人员，应经过专业技术培训及专业考试合格，持证上岗，并应定期体检。患有职业禁忌证（如高血压、心脏病、贫血病、癫痫病、精神疾病等）、年老体弱、疲劳过度、视力不佳及其他不适合高处作业的人员，不得进行高处作业。

③ 从事高处作业的单位应办理高处安全作业证，落实安全防护措施后方可作业。

④ 高处安全作业证审批人员应赴高处作业现场检查，确认安全措施后方可批准高处作业。

⑤ 高处作业中的安全标志、工具、仪表、电气设施和各种设备，应在作业前加以检查，确认其完好后再投入使用。

⑥ 高处作业人员应按照规定穿戴符合国家标准的劳动保护用品，安全带符合《坠落防护　安全带》（GB 6095—2021）的要求，安全帽符合《头部防护　安全帽》（GB 2811—2019）的要求等。作业前要检查安全带和安全帽。

⑦ 高处作业使用的材料、器具、设备应符合有关安全标准要求。

⑧ 高处作业用的脚手架的搭设应符合国家有关标准。高处作业应根据实际要求配备符合安全要求的吊笼、梯子、防护围栏、挡脚板等。跳板应符合安全要求，两端应捆绑牢固。作业前应检查所用的安全设备是否坚固、牢靠。夜间高处作业应有充足的照明。

⑨ 供高处作业人员上下用的梯道、电梯、吊笼等要符合有关标准要求；作业人员上下时要有可靠的安全措施。固定式钢直梯和钢斜梯应符合 GB 4053.1—2009

和 GB 4053.2—2009 的要求，便携式木梯和便携式金属梯应符合 GB 7059—2007 和 GB 12142—2007 的要求。

⑩ 便携式木梯和便携式金属梯梯脚底部应坚实，不得垫高使用。踏板不得有缺档。梯子的上端应有固定措施。立梯工作角度以 75°±5°为宜。梯子如需接长使用，应有可靠的连接措施，且接头不得超过 1 处。连接后梯梁的强度，不应低于单梯梯梁的强度。折梯使用时上部夹角以 35°～45°为宜，铰链应牢固，并应有可靠的拉撑措施。

（4）高处作业中的安全要求与防护

高处作业时应设监护人对高处作业人员进行监护，监护人应坚守岗位。

高处作业时应正确使用防坠落用品与登高器具、设备。高处作业人员应系用与作业内容相适应的安全带，安全带应系挂在作业处上方的牢固构件上或专为挂安全带用的钢架或钢丝绳上，不得系挂在移动或不牢固的物件上；不得系挂在有尖锐棱角的部位；不得低挂高用。系安全带后应检查扣环是否扣牢。

雨天和雪天进行高处作业时，应采取可靠的防滑、防寒和防冻措施。水、冰、霜、雪均应及时清除。对进行高处作业的高耸建筑物，应事先设置避雷设施。遇有 6 级及 6 级以上强风或浓雾等恶劣天气，不得进行特级高处作业、露天攀登与悬空高处作业。暴风雪及台风暴雨后，应对高处作业安全设施逐一加以检查，发现有松动、变形、损坏或脱落等现象，应立即修理完善。

在邻近有排放有毒有害气体、粉尘的放空管线或烟囱的场所进行高处作业时，作业点的有毒物浓度应在允许浓度范围内，并采取有效的防护措施。在应急状态下，按应急预案执行。

带电高处作业应符合 GB/T 13869—2017 的有关要求。高处作业涉及临时用电时应符合 JCJ 46—2005 的有关要求。

高处作业应与地面保持联系，根据现场配备必要的联络工具，并指定专人负责联系。尤其是在危险化学品生产、储存场所或附近有放空管线的位置高处作业时，应为高处作业人员配备必要的防护器材（如空气呼吸器、过滤式防毒面具或口罩等），应事先与车间负责人或工长（值班主任）取得联系，并将联络方式填入高处安全作业证的补充措施栏内。

不得在不坚固的结构（如彩钢板屋顶、石棉瓦、瓦楞板等轻型材料等）上高处作业，攀登不坚固的结构（如彩钢板屋顶、石棉瓦、瓦棱板等轻型材料）作业前，应保证其承重的立柱、梁、框架的承受力能满足所承载的负荷，应铺设牢固的脚手板并加以固定，脚手板上要有防滑措施。

高处作业人员不得在作业处休息。高处作业与其他作业交叉进行时，应按指定的路线上下，不得上下垂直作业，如果需要垂直作业时应采取可靠的隔离措施。

在采取地（零）电位或等（同）电位作业方式进行带电高处作业时，应使用绝缘工具或穿均压服。发现高处作业的安全技术设施有缺陷和隐患时，应及时解决；危及人身安全时，应立即停止作业。

因高处作业必须临时拆除或变动安全防护设施时，应经作业负责人同意，并采取相应的措施，作业后应立即恢复。

防护棚搭设时，应设警戒区，并派专人监护。

高处作业人员在作业中如果发现情况异常，应发出信号并迅速撤离现场。

4.2.3 动火作业

能直接或间接产生明火的工艺设置以外的非常规作业，如使用电焊、气焊（割）、喷灯、电钻和砂轮等进行可能产生火焰、火花和炽热表面的非常规作业。

（1）动火作业的管理要求（表 4.10）

表 4.10 武汉大东湖深隧项目动火作业要求

类型	内容	责任人
人员要求	① 泵站、预处理站内电焊工从事焊接、气割作业，要持有效的操作证和污水站用火审批手续，用火审批手续在各站备案存档；	站长
	② 外来施工人员从事焊接、气割作业，应提供有效的个人操作证书复印件，以及用火审批手续，在各站备案存档；	
	③ 动火者应配备相应的防护用品，如电焊手套、面罩、眼镜等；	作业人员
	④ 严禁动火者饮酒后作业；	
	⑤ 焊机电源接线应由污水处理厂专业电工操作，其他人不得操作；	电工
	⑥ 动火现场应由动火单位安排人员监护，或由站长指定人员监护	站长

类型	内容	责任人
作业要求（“十不准”）	① 动火工具、设备不符合要求不准动火； ② 周围的易燃杂物未清除不准动火； ③ 易燃易爆场所未采取隔离、防护、警示等安全措施的不准动火； ④ 凡盛装过油类等易燃液体的容器、管道，未经洗刷干净、排除残存的油质不准动火； ⑤ 凡盛装过气体受热膨胀有爆炸危险的容器和管道不准动火； ⑥ 凡储存有易燃易爆物品的房间、仓库和场所，未经排除易燃、易爆危险的不准动火； ⑦ 在高空焊接或开始焊割作业时，下面的可燃物品未清理或未采取保护措施的不准动火； ⑧ 有压力的槽罐或管道未泄压及采取可靠措施的不准动火； ⑨ 在可能产生可燃气体的池、井旁（上）未采取有效防护措施的不准动火； ⑩ 非指定可动火区动火，未配备相应灭火器材的不准动火	作业人员
作业要求（“四要”）	① 动火人员要严格执行安全操作规程； ② 动火前要指定现场监护人； ③ 现场监护人和动火人员必须时刻注意动火情况，发现不安全苗头时，要立即停止动火； ④ 发生火灾事故时，要及时扑救	现场人员
作业要求（“一清”）	动火人员和现场监护人在动火后，应彻底清理现场火种，确保火种完全熄灭，留守现场 5～10 min 才能离开现场	作业人员

（2）动火作业管理要点

① 泵站、预处理站在指定可动火区检修或施工作业动火时，无须按危险作业管理规程和动火作业管理规程的要求进行申请和审批；

② 泵站、预处理站在指定可动火区外检修或施工作业中需要动火的，事前应按规定由动火作业负责人或施工单位负责人填写动火作业安全许可证进行审批；

③ 动火作业申请时间：动火作业开始前；

④ 维修或施工完成后：安全员对现场环境确认无异常后将动火证存档；

⑤ 泵站、预处理站应严格遵守动火审批制度，若变换动火地点或隔日再次动火，必须重新办理动火审批手续。

（3）动火作业安全许可证（表 4.11）

表 4.11　武汉大东湖深隧项目动火作业安全许可证

<table>
<tr><td colspan="6">动火作业安全许可证</td></tr>
<tr><td colspan="2">动火单位</td><td colspan="2"></td><td>动火日期</td><td></td></tr>
<tr><td colspan="2">动火项目</td><td colspan="2"></td><td>动火地点</td><td></td></tr>
<tr><td colspan="2">工作内容</td><td colspan="2"></td><td>动火申请人</td><td></td></tr>
<tr><td colspan="2">计划开始时间</td><td colspan="2"></td><td>计划结束时间</td><td></td></tr>
<tr><td colspan="2">动火类型</td><td colspan="4">□气焊　　□切割　　□其他</td></tr>
<tr><td>序号</td><td colspan="4">安全措施</td><td>确认</td></tr>
<tr><td>1</td><td colspan="4">动火现场附近半径 25 m 范围内易燃易爆物品应予以清除，或做适当的安全隔离</td><td></td></tr>
<tr><td>2</td><td colspan="4">安全防护设备或器具已备妥</td><td></td></tr>
<tr><td>3</td><td colspan="4">动火者已配备相应的防护用品，如电焊手套、面罩、眼镜等</td><td></td></tr>
<tr><td>4</td><td colspan="4">电焊机等电气设备配置良好，焊机手柄绝缘良好</td><td></td></tr>
<tr><td>5</td><td colspan="4">电源接线处有漏电保护装置</td><td></td></tr>
<tr><td>6</td><td colspan="4">动火施工范围内邻近四周已做好安全隔离或设置管制标志</td><td></td></tr>
<tr><td>7</td><td colspan="4">已备妥消防灭火器材</td><td></td></tr>
<tr><td>8</td><td colspan="4">有压力的槽罐或管道已做泄压处理，并已在动力源悬挂警示标识牌</td><td></td></tr>
<tr><td>9</td><td colspan="4">装过油类等易燃液体的容器、管道，排除残存的油质，已经洗刷干净</td><td></td></tr>
<tr><td>10</td><td colspan="4">所有可能送气、液的管路或槽体进出料口，均已遮断盲封，并挂置安全警示标识牌</td><td></td></tr>
<tr><td>11</td><td colspan="4">所有可能送电的电气设备开关箱，都挂置“施工中，禁止送电”的安全警示标识牌</td><td></td></tr>
<tr><td>12</td><td colspan="4">使用的氧气、乙炔钢瓶已加防护圈，并按规定分开 5 m 放置</td><td></td></tr>
<tr><td>13</td><td colspan="4">氧气、乙炔瓶的压力表、割枪正常，气管无破损，乙炔瓶有回火装置</td><td></td></tr>
<tr><td>14</td><td colspan="4">在高空进行焊接或者焊割作业时，下面的易燃易爆物品已清空或已采取保护措施</td><td></td></tr>
<tr><td>15</td><td colspan="4">其他</td><td></td></tr>
<tr><td colspan="6">该项作业所需的防护、应急用品、用具</td></tr>
<tr><td colspan="2">□安全帽</td><td colspan="2">□安全鞋</td><td colspan="2">□安全带</td></tr>
<tr><td colspan="2">□防护服</td><td colspan="2">□电焊手套</td><td colspan="2">□绝缘手套</td></tr>
<tr><td colspan="2">□防护眼镜</td><td colspan="2">□电焊眼镜</td><td colspan="2">□电焊面罩</td></tr>
<tr><td colspan="2">□遮拦（路障）</td><td colspan="2">□警示带</td><td colspan="2">□警示标识牌</td></tr>
<tr><td colspan="2">□灭火器</td><td colspan="2">□消防带</td><td colspan="2">□对讲机</td></tr>
<tr><td>其他补充措施</td><td colspan="5"></td></tr>
<tr><td colspan="2">监护人意见</td><td></td><td>负责人意见</td><td colspan="2"></td></tr>
<tr><td colspan="2">安全员意见</td><td></td><td>审批人意见</td><td colspan="2"></td></tr>
</table>

4.2.4　起重吊装作业

起重吊装作业是指吊车或者起升机构对设备的安装、就位的统称，在安装、检修或维修过程中利用各种吊装机具将设备、工件、器具、材料等吊起，使其发生位置变化。

（1）起重吊装作业的管理要求（表 4.12）

表 4.12　武汉大东湖深隧项目起重吊装作业管理要求

类型	内容	责任人
人员要求	① 涉及非常规吊装须编制吊装施工方案，施工方案需经项目公司主管部门和安全技术部门审查，报项目公司负责人批准后方可实施	项目公司
	② 泵站、预处理站内从事起重吊装作业，要持有效的特殊工种作业证、吊车相关资料（检验报告、保险等）和污水站起重吊装审批手续，起重吊装审批手续在各站备案存档	站长
	③ 吊装作业前，应检查核实施工方案及审批情况，并对作业人员进行安全交底；相关资料在各站备案存档	
	④ 吊装作业严禁酒后上岗	作业人员
	⑤ 吊装作业人员必须佩戴安全帽，安全帽应符合《头部防护　安全帽》（GB 2811—2019）的规定；吊装前应分工明确，指挥人员应佩戴明显的标志，并按《起重机　手势信号》（GB/T 5082—2019）规定的联络信号进行指挥	
	⑥ 吊装作业前应预先在吊装现场设置安全警戒标志并设专人监护，非施工作业人员禁止入内	
	⑦ 吊装作业前应对起重机械、吊具、索具、安全装置等进行详细的安全检查，确保其处于完好状态	
	⑧ 吊装前必须试吊，试吊中检查全部机具、地锚受力情况，发现问题应将吊物放回地面，排除故障后重新试吊，确认正常后方可正式吊装	
	⑨ 应按规定负荷进行吊装，吊具、索具经计算选择使用，不应超负荷吊装	
	⑩ 吊装作业中，夜间应有足够的照明；遇大雪、暴雨、大雾以及 6 级及 6 级以上强风时，应停止室外露天作业	

类型	内容	责任人
作业要求 （“十不吊”）	① 指挥信号不明不吊； ② 斜牵斜拉不吊； ③ 重量不明或超负荷不吊； ④ 散物捆扎不牢或装放过满不吊； ⑤ 吊物上有人或起重臂吊钩或吊物下面有人不吊； ⑥ 埋在地下物体不吊； ⑦ 机械安全装置失灵不吊； ⑧ 光线不明，看不清吊物起落点不吊； ⑨ 吊物边缘与钢丝绳等直接接触无保护措施不吊； ⑩ 6 级及 6 级以上强风不吊	作业人员
作业要求 （注意事项）	① 重物接近或达到额定起重吊装能力时，检查制动器，用低高度、短行程试吊，再吊起	
	② 按指挥人员发出的指挥信号进行操作；任何人发出的紧急停车信号均应立即执行；吊装过程中出现故障应立即向指挥人员报告	
	③ 起吊重物就位时应与吊物保持一定的安全距离，用拉伸或撑杆、钩子辅助其就位	
	④ 起重吊装设备作业回转半径范围内严禁站人	指挥人员
	⑤ 吊具、索具不得破损，与棱刃物接触必须有可靠保护措施	司索人员
作业完毕要求	吊装作业后，将起重臂和吊钩收放到规定位置，所有控制手柄均应放到零位，电气控制的起重机械的电源开关应断开	作业人员

（2）起重吊装管理要点

① 涉及非常规的吊装须编制吊装作业方案，作业方案需经项目公司运营部和安全部门审查，报项目公司负责人批准后方可实施。

② 作业单位负责起重吊装作业的申请，作业前应按规定由起重吊装作业负责人填写吊装作业安全许可证进行审批。

③ 泵站、预处理站应严格遵守起重吊装作业审批制度及安全操作规程。

④ 应对吊装机具按时进行日检、月检、年检。

（3）起重吊装许可证（表 4.13）

表 4.13 武汉大东湖深隧项目起重吊装许可证

<table>
<tr><td colspan="2">吊装地点</td><td></td><td>吊装工具名称</td><td></td><td>作业证编号</td><td></td></tr>
<tr><td colspan="2">吊装人员及特殊工种作业证号</td><td colspan="2"></td><td>监护人</td><td colspan="2"></td></tr>
<tr><td colspan="2">吊装指挥及特殊工种作业证号</td><td colspan="2"></td><td>起吊重物质量/t</td><td colspan="2"></td></tr>
<tr><td colspan="2">作业时间</td><td colspan="5">年 月 日 时 分至 年 月 日 时 分</td></tr>
<tr><td colspan="2">吊装内容</td><td colspan="5"></td></tr>
<tr><td colspan="2">危害辨识</td><td colspan="5"></td></tr>
<tr><td>序号</td><td colspan="5">安全措施</td><td>确认人</td></tr>
<tr><td>1</td><td colspan="5">非常规吊装已编制吊装作业方案，且经主管部门和安全技术部门审查，报项目公司负责人批准</td><td></td></tr>
<tr><td>2</td><td colspan="5">吊装作业人员持有特种作业证件，且在有效期内</td><td></td></tr>
<tr><td>3</td><td colspan="5">指派专人监护，并监守岗位，非作业人员禁止入内</td><td></td></tr>
<tr><td>4</td><td colspan="5">作业人员已按规定佩戴防护器具和个体防护用品</td><td></td></tr>
<tr><td>5</td><td colspan="5">已与站点负责人取得联系，建立联系信号</td><td></td></tr>
<tr><td>6</td><td colspan="5">明确分工、坚守岗位，并按规定的联络信号统一指挥</td><td></td></tr>
<tr><td>7</td><td colspan="5">已在吊装现场设置安全警戒标志，无关人员不许进入作业现场</td><td></td></tr>
<tr><td>8</td><td colspan="5">起吊物的质量预估（ ）t，经确认，在吊装机械的承重范围内；若试吊时出现超负荷，立即停止作业</td><td></td></tr>
<tr><td>9</td><td colspan="5">超负荷或重物质量不明，不准吊装</td><td></td></tr>
<tr><td>10</td><td colspan="5">作业高度和转臂范围内，无架空线路</td><td></td></tr>
<tr><td>11</td><td colspan="5">悬吊重物下方站人、通行和工作，不准吊装</td><td></td></tr>
<tr><td>12</td><td colspan="5">室外作业遇到大雪/暴雨/大雾/6 级及 6 级以上强风立即停止作业</td><td></td></tr>
<tr><td>13</td><td colspan="5">检查起重吊装设备、钢丝绳、缆风绳、链条、吊钩等各种机具，保证安全可靠</td><td></td></tr>
<tr><td>14</td><td colspan="5">将建筑物、构筑物作为锚点，须经工程处审查核算并批准</td><td></td></tr>
<tr><td>15</td><td colspan="5">吊装绳索、缆风绳、拖拉绳等避免同带电线路接触，并保持安全距离</td><td></td></tr>
<tr><td>16</td><td colspan="5">斜拉重物、重物埋在地下或重物坚固不牢，绳打结、绳不齐，不准吊装</td><td></td></tr>
<tr><td>17</td><td colspan="5">棱角重物没有衬垫措施，不准吊装</td><td></td></tr>
<tr><td>18</td><td colspan="5">安全装置失灵，不准吊装</td><td></td></tr>
</table>

<table>
<tr><td>序号</td><td colspan="3">安全措施</td><td>确认人</td></tr>
<tr><td>19</td><td colspan="3">用定型起重吊装机械（履带吊车、轮胎吊车、轿式吊车等）进行吊装作业，遵守该定型机械的操作规程</td><td></td></tr>
<tr><td>20</td><td colspan="3">作业过程中应先用低高度、短行程试吊</td><td></td></tr>
<tr><td>21</td><td colspan="3">作业现场出现危险品泄漏，立即停止作业，撤离人员</td><td></td></tr>
<tr><td>22</td><td colspan="3">地下通信电（光）缆、局域网络电（光）缆、排水沟的盖板，承重吊装机械的负重量已确认，保护措施已落实</td><td></td></tr>
<tr><td>23</td><td colspan="3">夜间作业采用足够的照明</td><td></td></tr>
<tr><td>24</td><td colspan="3">其他安全措施：
编制人：</td><td></td></tr>
<tr><td colspan="2">实施安全教育交底人</td><td></td><td>接受安全交底人员</td><td></td></tr>
<tr><td colspan="3">作业单位负责人意见（签字）：</td><td colspan="2">现场站点负责人意见（签字）：</td></tr>
<tr><td colspan="3">安全部门负责人意见（签字）：</td><td colspan="2">主管部门负责人意见（签字）：</td></tr>
<tr><td colspan="5">审批负责人意见（仅非常规吊装作业需要）

签字：　　　　年　　月　　日　　时　　分</td></tr>
</table>

4.3 安全应急预案

为确保整个深隧系统正常运行，以提高武汉大东湖深隧项目公司下属的各个提升泵站和预处理站对突发事件的快速反应能力、指挥调度能力和防范处理能力，确保在事件发生后能够在最短时间内做出最快、最准确、最有效的工作安排、人员调动、事件处理，将损失降低到最小程度，保证生产系统的运行安全，更好地发挥污水处理站及深隧系统的综合效益，制定相关安全应急预案。

4.3.1 防汛排渍应急预案

（1）预警分级

根据气象局、防灾减灾机构等政府相关管理部门的防汛预警通知，并结合厂内生产运行状况，预警信息分为 4 级：

① 蓝色预警，未来 12 h 预报降水量将达 50 mm 以上，或已达 50 mm 以上且

降雨可能持续。

② 黄色预警，未来 6 h 预报降水量将达 50 mm 以上，或已达到 50 mm 以上且降雨可能持续。

③ 橙色预警，未来 3 h 预报降水量将达 50 mm 以上，或已达到 50 mm 以上且降雨可能持续。

④ 红色预警，未来 3 h 预报降水量将达 100 mm 以上，或已达到 100 mm 以上且降雨可能持续。

（2）信息报告与通知

① 现场巡查人员查看到现场已发生汛期渍水现象，则应第一时间汇报至班组长或现场站点负责人。

② 由现场负责人去现场直接查看，通过现场情况判断事故的大小以及后续造成的影响，将实施方案和现场情况及时汇报至上级领导。

③ 由生产运营部经理直接对运营总监汇报情况。

④ 运营总监根据防汛工作的开展情况判断是否需要与外部协调调度，如系统防汛工作需与外部协调展开，则应报经总经理同意后，开始与外部进行信息沟通汇报。

（3）应急处置措施

① 根据预警等级和厂内生产运行状况，应急指挥小组应立即启动相应的应急预案，相关人员应迅速上岗到位，按照职责分工，迅速采取相应的处置措施。

② 不同预警等级的防汛、抗雷雨大风负责人因特殊原因不在现场时，由其授权人负责指挥和调度。

a. 蓝色预警时，按照项目公司正常管理制度值班，由调度中心值班人员负责调度；

b. 黄色预警时，休息日和夜间除正常值班人员外，应保证运行部一人值班，由调度中心值班人员负责生产调度；

c. 橙色预警时，休息日和夜间除正常值班人员外，应保证运行部和维修部各一人值班，由调度中心主管负责生产调度；

d. 红色预警时，应急指挥小组所有成员现场值班，由应急指挥小组组长或其授权人负责调度。

③ 发生重大险情后，应急指挥小组应根据事件具体情况，按照预案立即提出紧急处置措施，并立即与相关部门联系。

④ 应急指挥小组应高度重视应急人员的安全，调集和储备必要的防汛器材、消毒药品、备用电源和抢救伤员必备的器械等，以备随时使用。

⑤ 应急小组组长在必要时应组织其他单位进行联合调度，以尽快完成项目的统一调度从而使汛情的影响降至最低。

（4）注意事项

① 应严格按照预警分级要求进行不同等级的流程，以确保用合理的措施应对问题。

② 防汛排涝的物资供应尤为重要，在防汛初期应及时采购及补充。

③ 防汛排涝期间的操作应注意整体性，在调度上的统一性应严格保持，应确保信息互通。

④ 防汛排涝期间严格注意安全，加强对人员的安全操作管理。

4.3.2 停电事故应急预案

（1）应急等级划分

武汉大东湖深隧项目停电突发事故应急预案主要针对各预处理站突然停电采取各项应急措施。预处理站突然停电，按照产生的后果可分为 3 个等级。

① 一级停电事故。预处理站外部供电完全停止，无法运转，将直接造成前端泵站传输过来的污水不经预处理直接外排。

② 二级停电事故。预处理站部分电路故障导致部分设备停电，使预处理站污水处理能力下降，部分污水无法处理直接外排。

③ 三级停电事故。单一供电回路停电，预处理站应急操作得当，不会产生污水外排的后果。

（2）信息报告与前期处置

信息报告。

遇到突然停电，当班运行人员应立即报告预处理站负责人，预处理站负责人核实无供电故障后，立即通知项目公司维保部电气维修人员。

前期处置。

① 电话警戒、切断污水来源。预处理站负责人收到停电汇报后，应立即组织现场运行人员启用备用设备，保障预处理站正常运行。

② 若备用设备无法完全取代已停电设备，预处理站负责人应立即向项目公司生产管理部汇报；项目公司调度中心收到预处理站停电汇报后通知前端管网泵站。

③ 告知由于预处理站停电禁止送水，立即将停电事宜向所属生态环境局汇报，告知停电导致污水未经预处理直接排放及外排的风险。

（3）应急处置措施

外部停电事故。

① 发生双回路同时停电事故时，由各预处理站负责人将停电状况上报给项目公司生产管理部，并立即将站内所有闸门手动切换至停止进水状态，同时切断所有设备电源。

② 项目公司调度中心收到预处理站停电汇报后通知前端管网泵站，告知由于预处理站停电禁止送水，立即将停电事宜向所属生态环境局汇报，告知停电导致污水未经预处理直接排放及外排的风险。

③ 停电期间预处理站负责人和项目公司生产管理部负责人应与供电单位保持积极沟通，尽量掌握电力恢复时间。电力恢复后应根据设备重要性逐个恢复设备供电启动运行。

内部停电事故。

① 项目公司维保部组织以电工为首的应急抢修小组前往停电的预处理站对故障电路进行检查并制定抢修方案。

② 若备用设备无法完全取代已停电设备，应急抢修小组应在收到停电突发事件通报后 1 h 内赶到停电的预处理站进行电气检查和抢修。

③ 若低配系统出现问题，则由电工按照之前检修结果制定的检修方案维修。

④ 若高配出现问题，则由电工立即通知电力部门抢修。

4.3.3 自控系统应急预案

（1）液位控制系统失效

武汉大东湖深隧项目各预处理站提升泵房液位自控失效意味着提升泵不能对

池内液位变化做出相应的运行参数响应，可能导致提升泵房液位超高或超低报警，甚至水泵空转损坏或污水溢流。

对于及时发现的液位自控失效未引发重大损失的情况，预处理站上报至项目公司应急处置小组，然后在应急处置小组的协调指挥下，将所有提升泵调整为手动运行模式，并根据人工测量的液位情况调整提升泵的运行数量和运行参数；检查提升泵房液位自控未能及时响应的原因，排除对应的故障；增加提升泵房液位人工监控频次，避免再次发生自控不响应造成液位超限报警。

（2）自控设备失效

当现场人员发现设备故障而无备用设备或备用设备无法启用等情况时，需立即上报项目公司应急处置小组，根据事态发展情况，立即上报监管单位。

事故现场处置由应急处置小组指挥调度，项目公司生产运行部组织预处理站停止故障设备及附属部分的使用，切换备用设备，并协调上游泵站对进水进行调度；维保部门及预处理站积极组织力量对故障设备进行维修；对于自控系统故障，对应的设备需立即切换至现场手动模式，并联系专业自控人员排除自控故障，系统故障期间由运行人员手动记录设备的运行台账。

事故排除后，机械设备抢修人员负责对设备进行全面的维修保养，确保环境与设备全部恢复至故障前的状态后方可恢复使用；善后处理队负责进行事故原因调查和全面的设备安全检查，询问事故发现人相关情况，包括电力设备运行情况、故障部位等。

4.3.4 停产应急预案

当北湖污水处理厂发生突发性停水事故时，北湖污水处理厂应及时通知武汉大东湖深隧项目公司调度中心，调度中心调度各预处理站停止向深隧输送污水，并及时向武汉市水务局和前端泵站所属部门通报北湖污水处理厂情况，要求前端泵站停止向各预处理站进水。

事后北湖污水处理厂向武汉大东湖深隧项目公司出具事件说明，主要内容包括突发事件发生的时间、原因和口头向武汉大东湖深隧项目公司发出的调度指令内容，武汉大东湖深隧项目公司对该说明进行存档并报武汉市水务局备案。

第5章

运营数字化与数字化运营

武汉大东湖核心区污水深层传输系统是中国大陆首次以满管压力流运行方式建成的污水传输系统，在中国大陆尚无实际生产运营经验可借鉴，因此该项目在深隧运行状态感知、结构健康、深隧清淤、联合调度、日常运维等方面面临较大挑战。针对武汉大东湖深隧项目的管理与调度面临的风险，项目公司以智慧运营系统为载体，整合深隧模型、监测设施、工艺设备，关联项目运营人员、物资和数据，实现深隧数据感知、传输、统计分析的标准化、数字化，并通过挖掘数据价值驱动生产运营、指挥调度、风险应急更加精细化、智能化。

5.1 智慧运营系统建设

武汉大东湖深隧智慧运营系统结合在线监测、无人机、水模型等技术，辅助深隧管理人员实时掌握深隧运行状态，管理深隧巡检与设备维护等日常工作，并基于水力与淤积模型做出调度决策。该系统的建设着眼于深隧的实际运营管理需求，重点解决大东湖深隧运营期间合理调度问题与淤积风险管控问题，最大限度地降低深隧运行风险，同时统筹规划上下游调度。

5.1.1 深隧运营风险分析

从武汉大东湖深隧日常运营管理出发，分析深隧运营的核心风险如下：

（1）深隧运行状态感知风险

大东湖深隧排水系统的上游来水为二郎庙预处理站、落步嘴预处理站与武东预处理站收纳的污水，下游为位于北湖污水处理厂内的污水提升泵站，由此导致深隧一定程度上为被动入流、出流，因此缺乏对深隧内污水的水量与流速等关键技术点的管控能力。同时，深隧工程埋地 35 m 以上，总长 19.2 km，全程仅 5 座竖井，总体可维护性较低，一旦投入运行便无法停水，深隧内部运行状况难以通过外部设备探测。

（2）深隧结构健康风险

绝大多数隧道工程所处的地质条件与内外部环境条件一般较为复杂，运营期间容易产生衬砌裂缝、渗漏水等“病害”现象。除具有常规隧道的风险特征外，污水深隧的最大特点在于运营期间隧道内部充满污水。其入隧时一般只经过预处理，因而水体具有较强的腐蚀性，在运行期间也极易在隧道内部形成硫化氢、甲烷等气体积聚，从而对隧道内部结构产生二次破坏。当内水压力较高时，对于隧道内衬的结构稳定也有较大影响。城市污水深隧一般埋深较大，部分隧道可能位于城市地下水位以下位置，隧道管片承受较大的外部水压。上述特点决定了污水深隧运营时期具有结构腐蚀、渗漏水和衬砌开裂的高风险，这些“病害”将威胁结构安全、影响隧道功能、缩短使用寿命，甚至可能发生灾难性事故。

（3）联合调度风险

武汉大东湖污水深隧作为污水转输的中间环节，一定程度上为被动入流、出流，需同时保障上游管网无冒溢，下游污水处理厂稳定运行。因此，传统的人工调度管理方式缺乏对深隧内污水的水量与流速等关键技术点的控制能力，如运行不当易造成上游污水冒溢、下游污水处理厂前溢流等问题。深隧上游汇水片区地表污水系统处于合流制与分流制并存的排水体制，雨季时带来雨季峰值流量，将造成污水隧道超负荷运行并影响污水处理厂进水水质；而旱季夜间污水流量较低，难以满足深隧设计运行条件。因此，深隧运行如采用传统的人工调度管理方式，将面临入流水量大幅波动的问题，使深隧处于较大的风险中。

（4）深隧运行淤积风险

武汉大东湖深隧项目在运营期间，由于污水中富含污泥杂质，污水不能保持恒定的流速，长时间运行，特别是在长距离隧道中，污泥杂质会富集形成淤积。隧道中的淤积部位会影响污水流速，进一步导致淤积物积累增多，在隧道中形成堵塞，影响隧道安全运营，因此对深隧工程的淤积进行清理尤为重要。

（5）日常管理风险

武汉大东湖深隧项目由“四站一隧”组成，设备资产多且分散，传统手段难以对其形成系统性、科学性管理。深隧沿线与众多重要基础设施交叉，且深隧地表环境复杂，在运营期间存在遭受外部破坏的可能性，而深隧结构一旦遭受破坏，基于深隧作为城市重大基础设施的重要性，势必造成极大的损失。

5.1.2 运营数字化需求分析

5.1.2.1 管理需求

武汉大东湖深隧项目首要需求即实现对深隧管线运营要素的全面在线管控，包括对生产过程参数指标和设备运行状态的监控、设备及构筑物的日常管理、辅助现场安全生产及异常情况的应急处理等，从而实现生产单位内部的高效管理。利用智慧运营系统，生产可进行综合化、可视化、图形化的数据统计、对比和分析，为生产单位优化业务生产工艺，指导实际运营管理工作，帮助基层员工找到问题解决方案，实现快速、高效、专业、科学的决策，最终合理削减能源和人力消耗，全面落实节本增效。

此外，通过运行数据的不断积累，对不同季节、不同时段上游来水情况，下游北湖污水处理厂运行情况进行分析，逐步形成深隧内各预处理站的水量综合调度策略和各预处理站点的经济运行策略。通过深隧预处理站进污水厂流量、下游北湖污水处理厂泵房液位等信息，在深隧管网自身调蓄能力范围内合理分配污水输送量，为北湖污水处理厂提供稳定的水源。

智慧运营系统还应满足公司领导层快速掌握项目整体经营及营收情况的要求，通过对生产单位生产运营状况和目标完成情况的实时监控、统计分析，从而为公司总部项目投资、生产运营优化调整、公司战略分析决策等工作提供全面合理的数据支撑。

5.1.2.2 业务需求

（1）实时掌握深隧工程的运行情况

在项目建设阶段，通过将流量、液位、渗透压等监测仪表预埋在隧道结构内，实时掌握深隧运行状态和结构健康。将深隧工程的所有监测仪表、设备设施、视频监控的信号汇聚至智慧运营系统中，实现对深隧工程生产运营和安防等运行情况的实时监控。

（2）实现上下游一体化联合调度

通过建设智慧运营系统，开展深隧上下游一体化联合调度，并结合雨季或旱季因素，预测来水变化趋势。根据监测情况，结合上游的管网监测数据，考虑上下游入流与出流泵站，避免未来运营过程中与上下游的管网和北湖污水处理厂的责任边界划分不清的问题，同时提升深隧污水输送效率，降低项目运营风险。

（3）实现深隧淤积风险主动预警及时响应

基于深隧淤积情况的监测，并结合模型对淤积风险进行合理模拟预测，对当前淤积高风险管段发布报警，此外可对淤积风险进行模拟，从而对未来管道的淤积风险进行判断。例如，深隧发生淤积现象，系统可以自动推荐外部补水冲淤方案，增加隧道内水流流速，冲刷淤积物，减少深隧系统淤积发生，保障深隧高效运行的同时降低运营成本。

（4）完善资产全生命周期管理，建立标准化智慧运营管理流程

建立设备资产信息化全生命周期管理流程，结合无人机、射频识别、智能语音等信息化技术，对设备台账管理、巡检管理、维修养护管理、工单管理等流程建立制度化、流程化、科学化管理，从而提高整个运营管理人员和产业工人的效率。

（5）实现互联网+移动作业应用

可通过移动 App 对大东湖深隧的生产运营情况进行移动管控，包括工艺运行情况、数据信息、报表、设备台账等。产业工人可以通过移动 App 完成巡检、设备保修等工作，实现无纸化办公，提高工作效率。管理人员也可以通过手机查看项目关键信息，实现随时随地办公。

（6）实现可持续的大东湖深隧运营管理体系

武汉大东湖深隧项目是一项持续时间长、影响范围广的重大工程，其运营管理难度大。中国大陆缺乏实践经验，因此缺少可持续性的运营管理体系。在实际管理工作中，应根据智慧运营管理平台反馈的运行结果及时更新管理体系，达到一种持续进化的智慧运维管理理念。同时考虑未来上游管网扩张、变更以及深隧南线建设的情况，采用支持可扩展的系统设计理念，在平台设计初期将中远期的规划情况也纳入考虑。

5.1.3 系统建设架构

针对深隧运营过程中的核心风险，建立一套数据共享、管控一体的大东湖深

隧智慧运营系统。结合对上下游流域的各水务要素，包括污水管网、污水提升泵站、入流井、深隧管道的全面监测和管理，实现深隧整体水量管理、水质管理及设施维护的精细化、科学化、动态化管理。

大东湖深隧智慧运营系统由六大系统支撑体系、两大运行保障体系共同构成，其中，系统支撑体系包括智能感知体系、基础设施体系、数据支撑体系、业务支撑体系、业务应用体系和应用展示体系；运行保障体系包括标准规范体系和安全保障体系（图 5.1）。

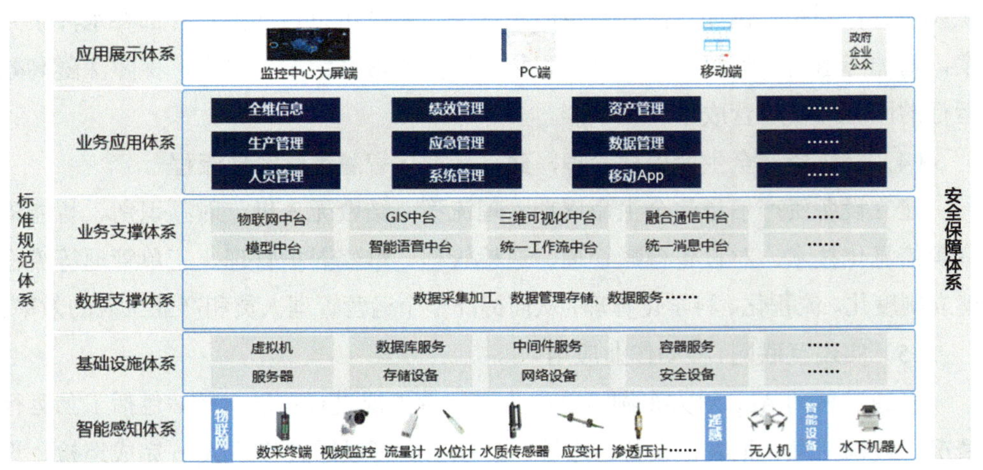

图 5.1　武汉大东湖深隧项目智慧运营系统总体架构

（1）智能感知体系

智能感知体系以物联网技术为核心，利用各类传感、遥感、机器人等技术手段，按需、稳定、可靠地获取深隧运行过程中的基础数据。构建布局合理、全域覆盖、结构完备、功能齐全、高度共享的前端监测系统，能够对大东湖深隧实现标准化、规范化和智能化的管理，对所有接入信息可以进行全面展现，同时实现各类监测数据的自动监视和智能预警，为深隧日常运维管理、风险控制以及深隧智慧运营系统的建设与运行提供数据支撑，同时为深隧上下游一体化联合调度指挥提供辅助决策的信息支持。

（2）基础设施体系

基础设施体系为深隧智慧运营系统提供基础的硬件支撑和网络环境。其中，硬件支撑包括各类应用运行和各类数据存储的服务器、存储、备份、显示及会商环境等。硬件设施应根据业务应用的需求进行建设或在已有硬件设施基础上扩充；网络环境主要用于服务器与各设备终端、各管理用户、公众进行信息交互的载体渠道，根据智慧水务系统的应用范围、重要性和安全性要求，计算机网络系统需要采取一定的保密措施与互联网进行隔离。

（3）数据支撑体系

数据支撑体系对来自智能感知体系的各类数据进行融合、集成、清洗、转化、加载，建立统一的数据中心，为数据挖掘、数据分析提供基础和保障。以云计算和大数据技术为核心，结合传统数据库技术、数据挖掘技术、统计分析等实现全结构数据的统一存储、分布式部署、集中分析、高效访问、统一决策，为决策支持提供辅助服务。

（4）业务支撑体系

业务支撑体系为深隧智慧运营系统提供统一的技术架构和运行环境，为资源整合和信息共享提供基础能力共享的中台，包括物联网中台、融合通信中台、GIS 中台、三维可视化中台、模型中台、智能语音中台、统一工作流中台、统一消息中台等。

（5）业务应用体系

业务应用体系是在业务支撑体系基础上建立的各类专业业务应用系统，为公司领导、项目管理人员、运维人员等提供整体的信息化应用和服务功能。

（6）应用展示体系

应用展示体系借助监控中心大屏端、PC 端、移动端设备，针对不同用户需求，构建面向领导指挥决策的监控中心大屏端、面向管理者日常生产的 PC 端和面向产业工人日常维保的移动端，实现各层用户随时随地、灵活方便使用深隧智慧运营系统。

（7）标准规范体系

标准规范体系是支撑智慧水务系统设计、建设和运行的基础，是实现应用协同和信息共享的需要，是节省项目建设成本、提高项目建设效率的需要，也是系统不断扩充、持续改进和版本升级的需要。

（8）安全保障体系

安全保障体系是保障系统安全应用的基础，包括物理安全、网络安全、信息安全及安全管理等。

5.1.4 智能感知体系

基于项目红线范围，智能感知体系建设覆盖武汉大东湖深隧项目范围内的主隧、支隧、预处理站，综合物联感知设备、无人机等手段，实现对深隧运行状态、深隧结构健康、深隧管道淤积、深隧外部环境的多场景、多渠道的信息感知，主要监测深隧进水与出水水量、沿途各竖井液位、深隧进水水质、深隧沿途淤积厚度、深隧外部环境等。下面对深隧运行状态监测、深隧健康监测、无人机监测要点进行详细阐述（表 5.1）。

表 5.1 武汉大东湖深隧项目智慧运营系统监测硬件清单

名称	安装点位	数量/个	监测目标
电磁流量计	提升泵站和 3 个预处理站出流	4	监控各个预处理站实时处理量，并作为深隧水力模型进水的边界条件
超声波流量计（互相关法）	考虑安装条件，安装至 3#、4#、6#、7#竖井上游或下游	4	监控深隧运行的实时流量，并作为深隧水力模型的率定节点
淤泥界面仪	满管状态下，采用超声波流量计（互相关法）可同时监测到稳定的淤泥界面，从而换算出淤积厚度	4	监控深隧运行中的实时淤积情况，并作为深隧淤积模型的率定节点，用于评估深隧淤积风险
压力式液位计	1#、3#、4#、6#、7#、10#竖井	12	监控深隧沿程竖井的实时液位变化，作为深隧调度的限制边界条件
硫化氢检测仪	粗格栅、曝气沉砂池、出水闸门	25	监控各预处理站有毒有害气体
SS 测量仪	3 个预处理站出水	3	监控各预处理站的预处理效果，以及各站排入深隧的污水悬浮物，其中，SS 是影响淤积的主要污染指标，作为淤积风险模拟的重要因素
pH 测量仪	3 个预处理站出水	3	监控各预处理站的预处理效果，以及各站排入深隧的污水 pH 情况
总磷测量仪	3 个预处理站出水	3	监控各预处理站的预处理效果，以及各站排入深隧的污水总磷情况

名称	安装点位	数量/个	监测目标
氨氮测量仪	3 个预处理站出水	3	监控各预处理站的预处理效果，以及各站排入深隧的污水氨氮情况
COD 测量仪	3 个预处理站出水	3	监控各预处理站的预处理效果，以及各站排入深隧的污水 COD 情况
无人机	—	1	外业巡线

5.1.4.1　深隧运行状态监测子系统

（1）监测难点分析

为了对深隧内关键节点的运行情况实现实时监控，大东湖深隧排水系统通过在关键节点处设置流量计传感器，利用实时监测获取的数据，可实现对深隧的入流和排水的精确调度。例如，美国的密尔沃基深层隧道储存系统和芝加哥的深隧排水系统都通过实时精确调度，确保深隧在运营时自身不堵塞，避免了人工下井维护和设备清淤。流速是最直观、有效地反映深隧淤积风险的指标，一旦流速低于最低设计流速，系统平台应及时发出预测报警信息来管控运营过程中可能发生的淤积情况。

基于上述需求，深隧内的流量监测则面临以下问题：

① 流速高动态变化，对传感器监测的稳定性有较高要求。

② 满管运行液位甚至达到深隧管底以上 30 m，对传感器的耐压提出更高的要求。

③ 当流速低于 0.65 m/s 时，可能产生淤泥，对传感器的安装方法与安装位置有限制。

④ 受限于深隧结构，传感器必须安装于竖井附近的平直管段，并通过电缆传输数据至地面，因此，要求传感器与变送器之间的电缆长达 100 m 以上，且屏蔽效果好。

（2）监测方法选取

考虑到大东湖深隧排水系统的最大埋深为地下 50 m 左右，为压力流满管运行，压力达 4 bar 以上，流量监测对象为污水，且实际运行中有一定可能性会在满管与非满管状态间切换。深隧通水后难以进行定期校正，电磁流量计、雷达流量计和超声波测量技术均不适用，因此，武汉大东湖深隧项目采用互相关流量计测量深隧流速、流量以及淤积厚度。

互相关流量计测量流速的方法基于超声波反射原理，其记录并比较的值为颗粒移动图像而非变化频率。工作时流量计传感器发射固定角度的超声波脉冲，扫描污水中的反射物（微小颗粒、矿物或气泡），将得到的回波保存为图像或回波模式。间隔几毫秒后，接着进行第二次扫描，产生的回波图像或模式也被保存。由于反射物随污水介质同步移动，通过比较前后两个相似图像或模式之间的相互关系，可以识别反射物的位置来进行水下检测和计算流速。基于该测量原理，考虑超声波的光束角度和脉冲重复率，通过空间分配最多可以直接测量流体中的 16 层微小颗粒的速度，从而直接计算得到高精度的管道断面流速。在管道内底部设置压力传感器，可置于测流速的超声波声源传感器内，通过所测流体压力，结合管道断面参数等，反算出液位，结合管道断面面积换算出管道流量。同时监测到稳定的淤泥界面，从而换算出淤积厚度。武汉大东湖深隧项目互相关流量计的测量原理见图 5.2。

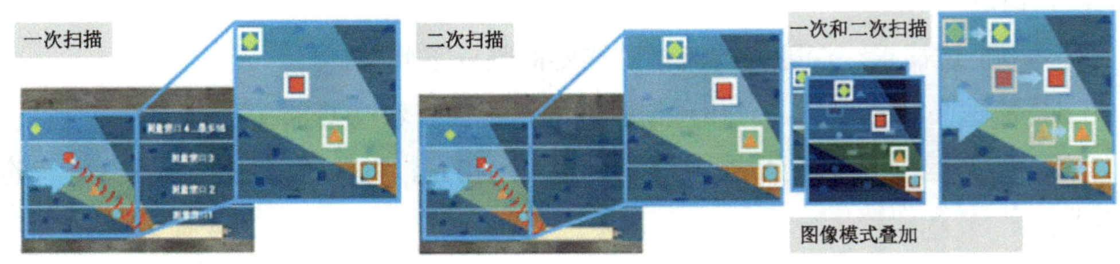

图 5.2 武汉大东湖深隧项目互相关流量计的测量原理

（3）监测方案

考虑深隧完工后仅保留 5 座竖井，流量计采集到的数据需要通过有线方式传输至地面远程设备。此外，考虑管径变化、安装条件、入流条件，最终选择在 4 个关键竖井附近设置互相关流量监测点，每个监测断面处在不同角度安装 3 个传感器探头，其具体安装方位、安装管径与安装角度见表 5.2。

表 5.2　武汉大东湖深隧项目智慧运营系统互相关流量计安装方案

流量计安装竖井	安装方位	安装管径	安装角度
3#井	下游	3.2 m	180°/30°/–30°
4#井	下游	3.4 m	180°/30°/–30°
6#井	下游	3.4 m	180°/30°/–30°
7#井	上游	3.4 m	180°/30°/–30°

（4）监测设备安装

在每个点位安装一套流量计相关设备，单套流量计安装组件包括 1 个 NF7-5M3E0A001 变送器、2 个 CS2-V200KTE99K0 互相关流速传感器（安装于 30°与 –30°）、1 个 CS2-V2H1KTE99K0 互相关流速传感器（安装于 180°）、300 m 电缆、安装附件及 1 个电控柜等。每个断面安装 3 个互相关流速传感器探头用于测量剖面流速分布，其中，安装于 180°的探头可满足满管流量测量，同时用于流速与淤积界面的测量；安装于 30°与 –30°的探头可用于非满管条件下的流速测量，且与顶部探头形成监测网格。其 16 层流速测量网格如图 5.3 所示。变送器在地面电控柜内安装，可连接 3 个流速传感器。电缆材质为 PPO+PEEK，安装附件为不锈钢 1.457 1，均可耐污水腐蚀。

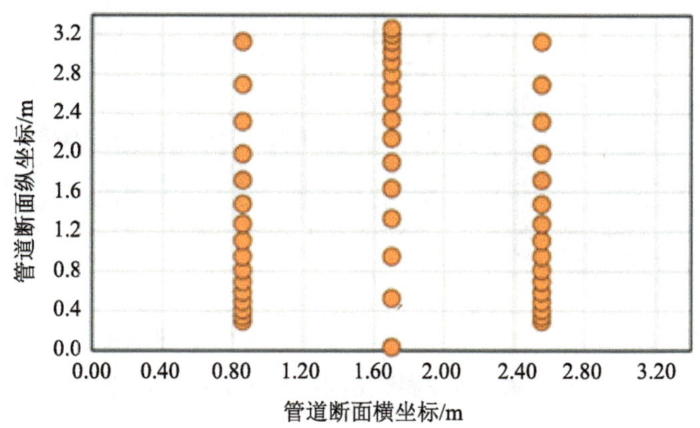

图 5.3　武汉大东湖深隧管道断面 16 层流速监测点位

深隧设备安装难度高，安装方式需选择长期稳定的方式，且安装后密封防水性高，安装过程需满足对管道破坏程度低，安装时间灵活、配合深隧自身施工进程等要求。基于以上限制条件，深隧流量计采用化学螺栓固定安装的方式，由竖井向内布线 40 m 确定传感器位置，传感器沿管壁共布设 3 个探头。其中，正顶部安装一个传感器探头，超声波垂直向下发射，在满管的水力状态下，可同时用于监测流量与泥水界面的位置。左右 30°位置各安装一个传感器探头，垂直向上发生超声波，用于流量监测。3 处传感器探头监测的数据互为校准，使监测数据的准确性得到极大提升，同时避免未来的频繁校准维护问题。

安装过程中，在每个传感器探头确定的固定孔位分别打 4 个孔，并用化学螺栓固定安装附件。将传感器探头安装于附件之上，保证探头与地面水平，用扎带将 3 根信号电缆捆绑，会合于深隧管壁右侧 45°位置，从深隧内部沿伸至井口处。考虑竖井处有湍流或汇水，对竖井冲击力比较大，因此从竖井处开始，3 根传感器电缆外部用钢管保护，在竖井浇筑前穿过竖井井壁，从外壁引入地面，最大限度地避免对井体结构的影响。深隧施工结束后，最终传感器及其保护套管将浇筑至竖井管壁混凝土内，保证其稳定性，图 5.4、图 5.5 为流量计安装示意图及现场效果图。

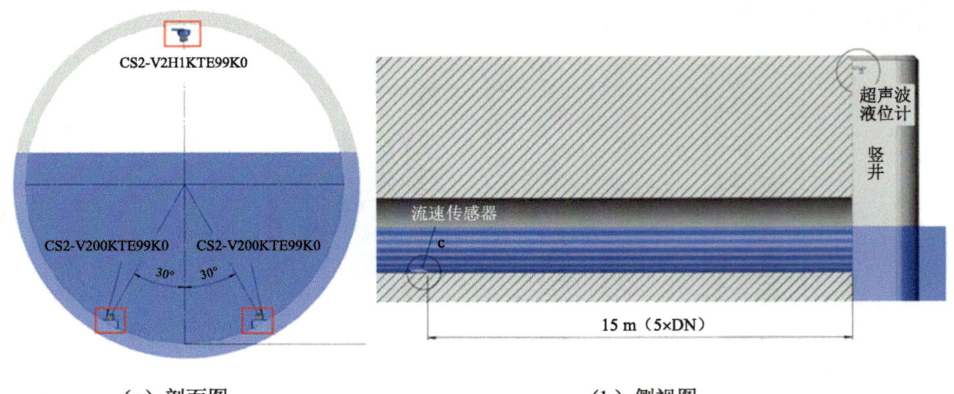

（a）剖面图　　（b）侧视图

图 5.4　武汉大东湖深隧固定式流量计安装示意图

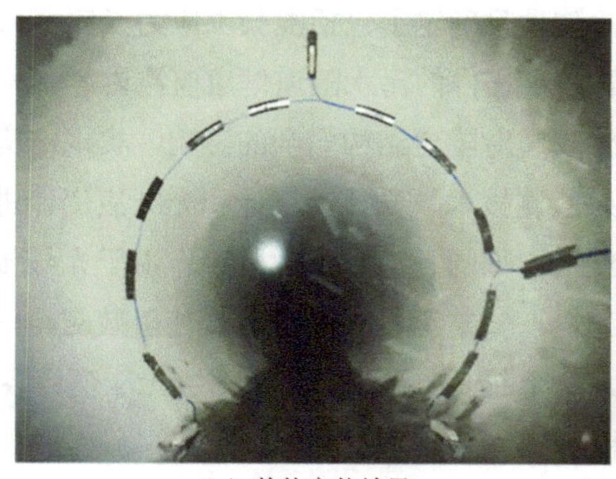
（a）整体安装效果

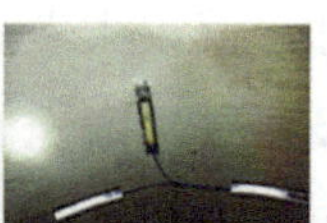
（b）顶部安装

（c）30°安装

图 5.5　武汉大东湖深隧固定式流量计安装现场效果图

5.1.4.2　深隧结构健康监测子系统

（1）监测难点分析

大东湖深隧工程运营安全风险相较于常规隧道更高，进行健康监测的难度也较大，主要原因在于污水隧道结构及其运行的特殊性，具体可以概括为：

① 有压隧道结构的受力特殊性，污水隧道为有压污水流运行，除承受隧道外地层荷载，还要承受内部水压。

② 污水内存在大量的微生物、硫酸盐、含氯物质等，极易引发隧道衬砌的钢筋及混凝土发生腐蚀，造成结构损伤。

③ 深隧运行期间高压满管运行，人员无法进入隧道内部进行检查维修，因此对传感器耐久性、可靠性及安装工艺要求较高。

（2）监测方法选取

开展深隧健康监测时，不仅要兼容常规隧道的风险特征，关注隧道衬砌劣损和渗水情况，对混凝土应力（应变）、钢筋内力等指标进行监测，还需根据污水隧道运营特点增加监测项目。由于武汉大东湖污水深隧运营期始终处于有压污水环境中，常规的沉降变形监测不易开展。深隧运输介质为经过预处理的城市污水，污水入隧前仅经过物理筛滤，水体中仍含有大量的 Cl^-、SO_4^{2-}、Mg^{2+}等盐类以及微生物等物质，具有较强的腐蚀性。因此，需要额外针对隧道结构腐蚀情况进行监测。综上可知，武汉大东湖深隧项目确定了包括混凝土应力（应变）、钢筋应力、渗透压力以及钢筋混凝土腐蚀程度在内的污水隧道健康监测内容。

为了尽可能降低传感元件安装对隧道结构安全的影响，实现结构信息精准监测，本项目采用新型光纤传感监测技术、光纤钢筋计和光纤应变计进行结构内力监测，光纤渗压计进行衬砌结构内部的孔隙水压力监测。由于光纤传感技术对温度更加敏感，所以光纤式传感器在安装运行时考虑温度补偿效应，以应对环境温度对传感器测量精度的影响。每个断面布设钢筋计、混凝土应变计各 5 对（共 20 支），布设渗压计 5 支，共计 25 支光纤传感器。

针对污水深隧结构腐蚀情况的监测，项目采用特制多功能钢筋混凝土腐蚀传感器，监测结构内部钢筋及混凝土电阻、腐蚀速率、氯离子含量和 pH，从而对结构的腐蚀情况进行综合研判。

（3）监测方案

监测断面选取时要兼顾代表性与一般性，既要考虑地面重要建筑物、典型地质条件及荷载条件等对隧道结构安全状况的影响，也要考虑监测系统布置的难易程度，对隧道结构安全的潜在影响及系统成本等因素。通过对污水深隧全线地表及地层条件进行分析，得到隧道主要安全风险点分布情况。各安全监测风险点的相关参数见表 5.3。

表 5.3 武汉大东湖深隧全线风险点参数清单

序号	风险特点	地层条件	隧道平均埋深/m	与最近竖井相距/m
1	下穿地铁 4 号线	中风化泥质粉砂岩、强风化泥质细粉砂岩	26	800
2	下穿罗家港高架	中风化泥质细粉砂岩、强风化泥质细粉砂岩	27.5	1 060
3	典型地质条件	中风化含钙泥质粉砂岩、强风化含砾砂岩、强风化含钙泥质粉砂岩	33	160
4	下穿京广高铁	中风化含钙泥质粉砂岩	34	620
5	下穿武钢专线，埋深大	中风化泥质细粉砂岩	40	2 030
6	下穿严西湖，岩溶段，突水风险	强风化石英砂岩、中风化灰岩	34	800

监测断面的设置既应该秉持“重点监控高风险断面、覆盖典型断面”的原则，同时又需要重点考虑隧道工程实际情况。污水深隧在运营期间保留 5 座竖井供检修通风使用（分别为 1#、3#、4#、6#及 7#竖井），其中最小区间长度超过 3 km。部分风险区域，如下穿地铁、高铁地段和岩溶段等，均位于各区间中段，距离最近的竖井均超过 100 m。如果在上述区域布设监测断面，将面临数据传输距离长导致施工难度增大的问题，实际使用中信号传输衰减也较为明显，实际监测效果难以保证，并且隧道结构内部埋设的传感器以及线缆势必引起隧道结构发生改变，从而对结构安全产生不利影响，需要尽可能降低因健康监测系统布置而对隧道结构产生的风险。在综合考虑工程地质特点、运营工况、监测条件及安全性的基础上，选择典型地质条件处建立科研监测断面，即设置里程分别为 K3+720、K3+735、K3+750 的 3 个监测断面。以上断面位于污水深隧 3#竖井附近。该段地层主要为中强风化砂岩，是整条隧道的典型地层，监测断面处于岩性中强风化的过渡区域，属于典型地层下的不利地质情况，更具代表性。

（4）监测设备安装

由于盾构隧道掘进过程管片外侧需注浆加固，管片迎土侧埋设的传感器容易失效，因此传感元器件均布设在隧道二衬内。在隧道管片拼装完成后，将光纤式混凝土应变计、光纤式钢筋计、光纤式渗压计及腐蚀传感器固定安装在二衬钢筋上。单个监测断面共布置传感器 27 个，设备类型及测点布设见表 5.4 和图 5.6。

表 5.4　武汉大东湖深隧结构健康监测元件数量清单

里程	光纤式钢筋计	光纤式混凝土应变计	光纤式渗压计	腐蚀传感器
K3+720	10 支（5 对）	10 支（5 对）	5 支	2 个
K3+735	10 支（5 对）	10 支（5 对）	5 支	2 个
K3+750	10 支（5 对）	10 支（5 对）	5 支	2 个

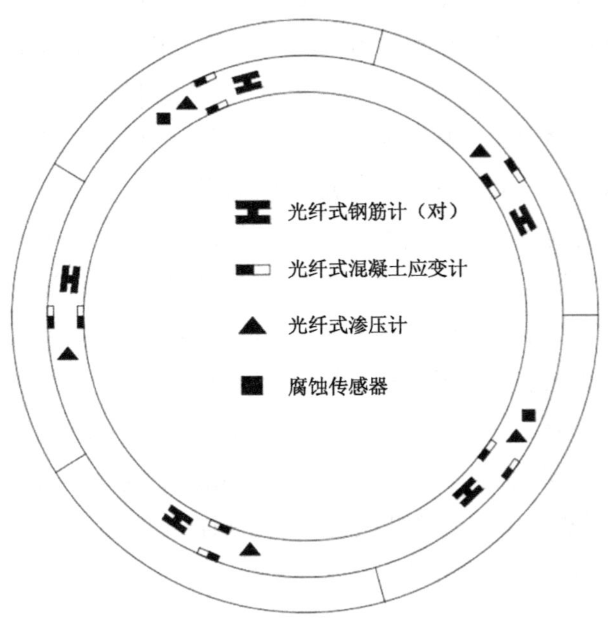

图 5.6 武汉大东湖深隧结构健康监测断面传感器布置示意图

传感元器件安装过程中，需要严格控制施工工艺，保障传感器成活率。各类传感器安装工艺要点如下：

① 光纤式混凝土应变计：由于混凝土应变计测量的是管片环向应变，因此，应变计的绑扎方向应与环向受力主筋方向平行，且每个测量点内外侧钢筋上各布置一个应变计，混凝土应变计和环向主筋高度一致并测量内外应变计的距离。将测量传输光缆导入专用穿线管。

② 光纤式渗压计：在埋设孔隙渗压计前，渗压计周围缠绕一层大约 1 mm 厚的弹性保护层，以减小管片变形对监测元件的影响，并用毛巾块封住渗压计渗水石，确保其在浇注混凝土和施工壁后注浆时不被水泥砂浆封堵，保证其渗透性，以感应水压力。在对其进行固定时，将渗压计两端绑扎于预先与管片受力筋相固定的两条直径 10 mm 的钢筋上，然后将信号传输光缆导入专用穿线管通道。

③ 光纤式钢筋计：选择一定长度的绑扎丝，通常用捆绑钢筋网的扎丝，绕钢

筋计本体缠绕两圈，注意离传感器两端约 3 cm。在传感器的任一端上的绑扎丝上扭两个活套，离传感器端大约 3 cm，并在传感器另一端重复该步骤。将传感器安装在钢筋之间，用绑扎丝末端绕钢筋缠绕两次，再将绑扎丝自身缠绕。扎紧绑扎丝并扭紧活套固定传感器。用尼龙绑扎带将传感器光缆固定在钢筋上。

④ 多功能钢筋混凝土腐蚀传感器：将腐蚀传感器固定在钢筋框架上，可采用捆扎带固定，注意保持腐蚀传感器与钢筋框架之间的电绝缘，信号电缆可在混凝土内部沿钢筋排布，并用捆扎带固定在钢筋上。武汉大东湖深隧结构健康监测断面传感器安装实物见图 5.7。

图 5.7　武汉大东湖深隧结构健康监测断面传感器安装实物

各监测断面的腐蚀传感器各自通过多根多芯电缆引出。光缆、电缆通过预埋在隧道二衬内部的引线管，经竖井结构内的健康监测管孔引出至地面，连接至地面的数据采集单元。地面数据采集设备主要由光纤光栅调试解调仪、腐蚀传感器采集仪及配套供电、转换、无线传输等设备组成。光纤光栅调试解调仪及腐蚀传感器采集仪对数据进行采集、读取、分析、转换。数据采集完成后通过无线传输设备将数据上传至中控室的数据存储中心存储并进一步分析处理。武汉大东湖深隧结构健康监测地表数据采集及传输设备见图 5.8。

图 5.8　武汉大东湖深隧结构健康监测地表数据采集及传输设备

5.1.4.3　无人自动辅助作业单元

大东湖核心区污水传输系统工程的传输管线包括 17.5 km 的主隧和 1.7 km 的双线支隧，服务面积约 130 km^2。深隧沿线与众多重要基础设施交叉，包括地铁、高铁、普速铁路、公路等，还穿越严西湖和北湖两处湖泊。

为保护深隧免遭外源性破坏，确保平稳安全运行，有必要开展深隧地面巡线，及时发现深隧地表的安全风险并消除。深隧传输距离长，地表环境复杂，传统的人工巡线难以全线覆盖，且效率不高。通过无人机自动巡线技术，可以提高深隧巡线的全面性，提升巡线效率，保护深隧安全运行。

无人机对深隧地表巡线的相关数据及信息可通过智慧平台进行存储、分析，并为深隧的日常运行提供数据支撑。

无人机巡线相关介绍可参考 3.2.3.2 节关于无人机巡查部分的内容。

5.1.5 基础设施体系

5.1.5.1 硬件支撑环境

武汉大东湖深隧项目在二郎庙预处理站设立调度中心，实现对大东湖深隧及厂站运行情况的统一监控和综合管理。系统硬件支撑环境建设采用多种方式相结合，以适应存储、计算、应用等多种服务硬件的不同需求。为了保证数据的安全性，系统的数据库平台及 GIS 平台安装在传统的物理服务器中，并对服务器进行可靠的存储冗余策略，以保证在突发情况下系统的基础数据不会丢失。利用两台物理服务器和数据库的主从备份机制进行数据同步和备份，将一台服务器数据库设置为主库，另一台服务器数据库设置为从库，并利用数据库内置机制进行主、从库同步配置，当主库的数据发生变化时，变化会实时同步到从库。此外，为加强数据容灾能力，在监控中心机房外的公司办公区建立数据备份工作站，每天定时将数据库业务数据导出到文件进行增量备份，以保证在中心机房实际遭遇其他突发状况时能快速恢复现场数据。

5.1.5.2 系统平台网络

武汉大东湖深隧智慧运营系统网络拓扑包含子站（沙湖提升泵站，二郎庙预处理站，落步嘴预处理站，武东预处理站，3#、4#、6#、7#入流竖井）现场网络架构、项目公司网络架构两部分。各子站现场端内包括生产数据采集、视频监控采集系统。项目公司端服务器集群中部署智慧运营系统，完成对现场感知体系获取并上传数据统计、计算、分析、存储、展示等一系列综合利用。预留总部公司可以通过网络，对智慧运营系统进行访问的接口。智慧运营系统网络拓扑图如图 5.9 所示。

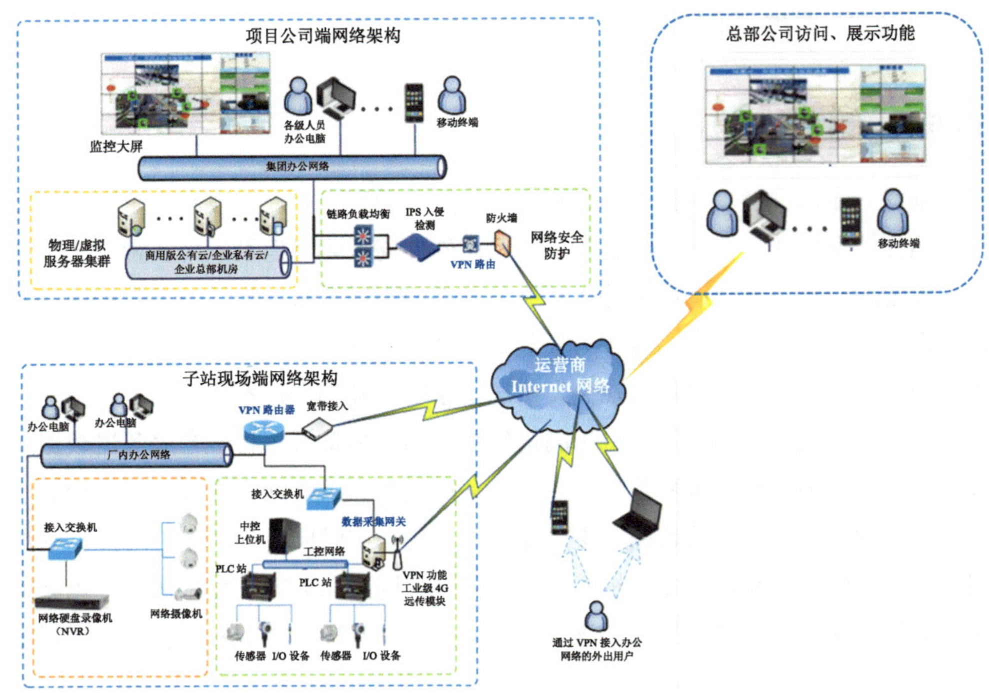

图 5.9　武汉大东湖深隧项目智慧平台网络拓扑图

5.1.6　数据支撑体系

构建武汉大东湖深隧数据支撑体系，通过融合集成大东湖深隧工程的物联网监测数据、空间基础数据、业务数据、主体数据，统一规范和标准，结合大东湖深隧智慧运维管理、绩效考核的需要，对多源、多格式、多类型的数据进行统一存储和管理，实现数据统一管理、挖掘分析、共享交换，为智慧运营管理提供可视化及分析评估基础，充分发挥智慧运营价值。

数据支撑体系建设主要包括：

（1）数据采集加工

系统采集的数据可能由于前端监控系统不够健全，或者现场监测设备故障导致缺失或错误，如果直接应用会产生错误的结果。系统通过对数据加工整理，对接入数据进行清洗和转换，把原始杂乱无章的数据加工成结构化的数据组件，供上层的大数据应用拼装调用。

（2）数据管理存储

建设数据中心，满足大东湖深隧智慧系统对不同监测来源的数据存储和管理要求，通过数据中心集中存储并调用所有深隧上下游监测数据，整合数据资源并保证数据的完整性和一致性，为深隧工程长期建管积累宝贵的数据资产。

（3）数据服务

建设数据服务平台，在深隧智慧系统内部的各子系统之间搭建一个公共平台，实现各子系统之间的数据同步、数据交换、数据集成、数据调用等功能。

5.1.7　业务支撑体系

构建武汉大东湖深隧业务支撑体系，为智慧运营系统应用提供统一的开发、运行和集成环境。基于共性剥离、柔性扩展、融合共享的思路，采用微服务及流程化生产的技术路线统一搭建，打造智慧运营业务基础能力共享的中台，包括物联网中台、GIS 中台、三维可视化中台、融合通信中台、模型中台、智能语音中台等。

① 物联网中台：打造智慧深隧物联感知系统，实现终端监测数据的标准化，统一平台输入/输出，数据的应用与共享服务，实现对深隧工程水位、流量、水质等运行数据标准化汇聚与集中管理，为深隧智慧运营中生产管理、预测预警、联合调度提供标准化的数据基础与共享平台，同时为日后应用拓展、大数据分析、投资决策提供服务。

② GIS 中台：实现深隧工程的“一张图”可视化管理，可以进行自定义漫游、视点定位，可以实时查看监测站点的参数及属性信息，统一对上层业务系统提供 GIS 服务。

③ 三维可视化中台：基于 BIM 引擎对深隧工程的生产工艺、设备属性、图纸资料等进行科学管理，同时对 GIS 和三维数据进行深度融合，提供 GIS+ 三维可视化服务。

④ 融合通信中台：打通视频监测、线上线下会议系统，实现各子站之间信息通信系统的统一接入、统一管理、统一呈现、统一调度、统一通信，应急事件发生时可一键式可视化快速入会进行应急指挥。

⑤ 模型中台：建立统一的模型服务能力，为深隧流量预测、水位预测、淤积风险预测提供核心算法，内置模型可视化工具，支持以图、表、动画等多种方式展示。

⑥ 智能语音中台：将语音识别技术融入深隧智慧运营系统，用户可以通过声音快速获取有用的数据和信息，快速调出需要的报表、曲线、设备信息等数据，还可以通过语音上报设备缺陷、外业巡检异常事件，方便快捷完成巡检维修工单。

5.1.8 业务应用体系

应用体系建设从业务管理的实际需求出发，结合对上下游流域的各水务要素，包括污水管网、污水提升泵站、入流井、深隧管道的全面监测和实时管理，实现深隧整体的水量管理、水质管理、设施维护的精细化、科学化、动态化管理。

智慧深隧系统工程核心功能围绕深隧运营管理展开，系统接受来自传感器的水动力、水质实时监测数据，无人机、摄像头的视频数据，以及来自设备的设施运行状态、项目公司的设备管理信息、安全信息等，对整个深隧工程的运行状态进行实时展示、分析，对关键绩效考核指标进行评估。系统基于监测数据，构建水动力模型，对日常与降雨事件后的流场状态进行实时模拟展示，结合淤积监测对深隧内的淤积风险进行分析与预警。根据项目公司与上级公司的管理需求，建立以设备资产数字化全生命周期管理流程，对设备台账管理、巡检管理、维修养护管理、工单管理、库存管理等流程建立制度化、流程化、科学化管理，辅助项目公司的运营与管理（图 5.10）。

5.1.8.1 全维信息

全维信息集成各个功能模块的核心数据，并结合 GIS“一张图”与预处理站 BIM 模型，对项目信息、实时监测数据、设备运行状态、监控画面、关键生产指标、推荐调度方案等多源信息进行集成，形成统一的监控及调度入口，便于管理人员实时、动态、直观地掌握核心信息。此外，还可以作为接待参观、对外展示公司整体风貌的重要媒介，显示武汉大东湖深隧运营公司概况、项目建设成果、项目实施后各项经济民生意义、各预处理站地理位置等基本信息（图 5.11）。

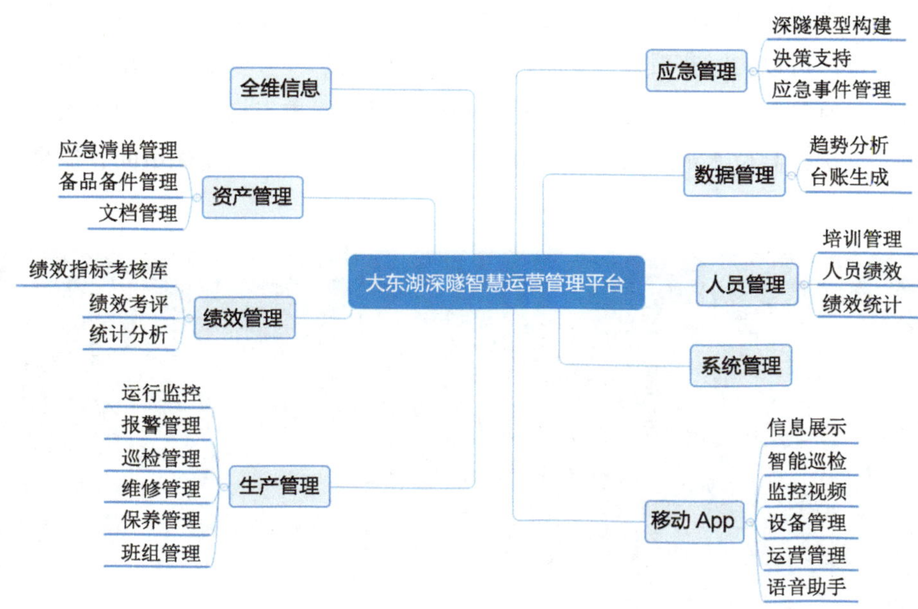

图 5.10　武汉大东湖深隧项目智慧平台业务应用架构

图 5.11　武汉大东湖深隧项目智慧平台全维信息门户展示

用户通过功能界面访问三维展示场景，系统根据当前位置，动态、快速、流畅地加载仿真模型进行展示，系统集成高贴合度的业务功能，满足用户的业务及信息获取需求。可以实现对深隧进行全局和局部直观的显示，可以自定义漫游、视点定位；可以实时查看监测站点的参数及属性信息；可以在三维场景中显示报警信息；对竖井和 4 个预处理站进行可视化展示；对重点构筑物，如进水间、格栅间、泵房、高位水池、事故溢流井、除臭设施、管理房及变配电间、流量计井进行展示。

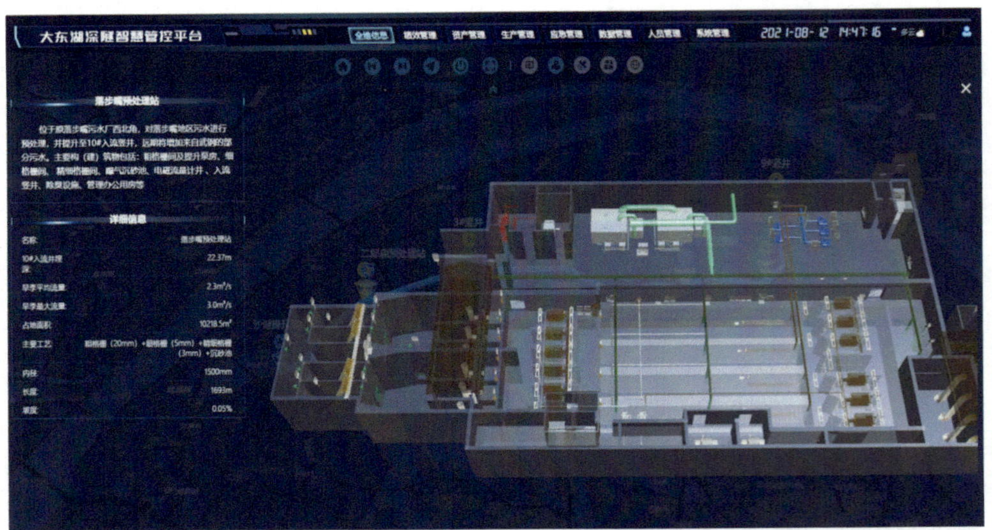

图 5.12　武汉大东湖深隧项目智慧平台预处理站 BIM 画面

5.1.8.2　绩效管理

运营绩效达标是业主和项目公司关注的重点，平台设置绩效管理功能，能根据业主确定的绩效考核方案及相关要求，将考核指标、权重及要求进行分类集中管控，形成深隧考核指标库（图 5.13）。项目公司定期开展绩效自评工作，查找问题，完成整改，保障项目完美履约。

平台还可以将考核结果按时间、指标、站点分类存储，统计分析，追溯历史评价数据，指出运营薄弱环节，指导项目改进和管理提升。

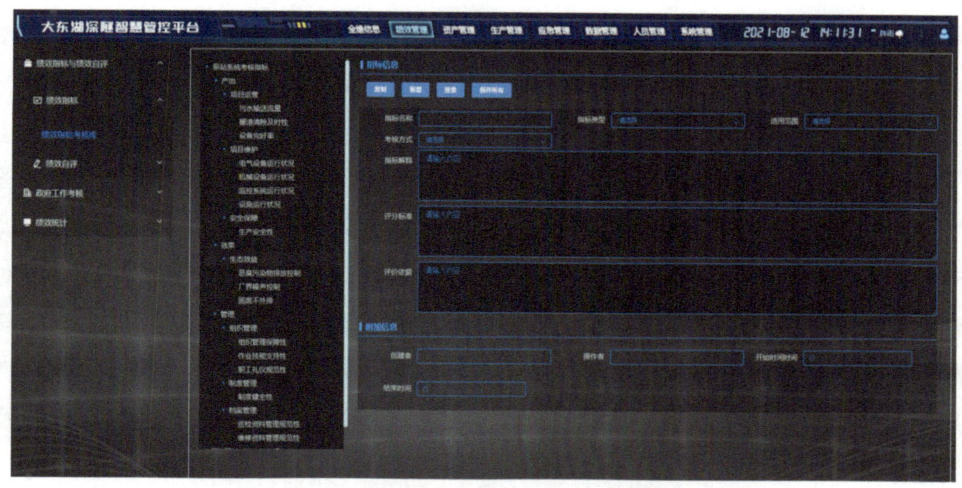

图 5.13　武汉大东湖深隧项目智慧平台绩效指标库系统

5.1.8.3　资产管理

（1）资产清单管理

系统设置资产管理板块，建立深隧工程 1 300 余台设备的全生命周期档案，记录资产编号、所处位置、责任人、保养标准、步骤、维修保养历史等信息，实现持续改进型闭环管理流程，减少设备停机时间，延长资产使用寿命。武汉大东湖深隧项目智慧平台资产清单管理界面见图 5.14。

资产清单管理

备品备件管理

文档管理

添加新设备

序号	设备名称	设备编码	规格型号	功能分区	所属站点	资产状态	启用日期	操作
1	1#粉碎格栅进水闸门	ZJSJSW01010101	B×H=800×800mm，N=1.1KW	格栅及提升泵房	沙湖	启用	2020-12-31	编辑 详情 关联备件 删除
2	2#粉碎格栅进水闸门	ZJSJSW01010102	B×H=800×800mm，N=1.1KW	格栅及提升泵房	沙湖	启用	2020-12-31	编辑 详情 关联备件 删除
3	1#粉碎格栅	ZJSJSW01010103	DNRF - S3000	格栅及提升泵房	沙湖	启用	2020-12-31	编辑 详情 关联备件 删除
4	2#粉碎格栅	ZJSJSW01010104	DNRF - S3000	格栅及提升泵房	沙湖	启用	2020-12-31	编辑 详情 关联备件 删除
5	粉碎格栅控制箱	ZJSJSW01010105	DNRK-7.5	格栅及提升泵房	沙湖	启用	2020-12-31	编辑 详情 关联备件 删除
6	1#粉碎格栅出水闸门	ZJSJSW01010106	B×H=800×800mm，N=1.1KW	格栅及提升泵房	沙湖	启用	2020-12-31	编辑 详情 关联备件 删除
7	2#粉碎格栅出水闸门	ZJSJSW01010107	B×H=800×800mm，N=1.1KW	格栅及提升泵房	沙湖	启用	2020-12-31	编辑 详情 关联备件 删除
8	合流连通闸	ZJSJSW01010108	B×H=500×500mm，N=1.1KW	格栅及提升泵房	沙湖	启用	2020-12-31	编辑 详情 关联备件 删除
9	格栅间启闭机配电箱	ZJSJSW01010109	PS-DK，650X900X270MM	格栅及提升泵房	沙湖	启用	2020-12-31	编辑 详情 关联备件 删除
10	1#提升泵	ZJSJSW01010110	KRT K300 - 400/606UNG—S	格栅及提升泵房	沙湖	启用	2020-12-31	编辑 详情 关联备件 删除
11	1#提升泵操作箱	ZJSJSW01010111	800×800×2200mm	格栅及提升泵房	沙湖	启用	2020-12-31	编辑 详情 关联备件 删除
12	2#提升泵	ZJSJSW01010112	KRT K300 - 400/606UNG—S	格栅及提升泵房	沙湖	启用	2020-12-31	编辑 详情 关联备件 删除
13	2#提升泵操作箱	ZJSJSW01010113	800×800×2200mm	格栅及提升泵房	沙湖	启用	2020-12-31	编辑 详情 关联备件 删除
14	3#提升泵	ZJSJSW01010114	KRT K300 - 400/606UNG—S	格栅及提升泵房	沙湖	启用	2020-12-31	编辑 详情 关联备件 删除
15	3#提升泵操作箱	ZJSJSW01010115	800×800×2200mm	格栅及提升泵房	沙湖	启用	2020-12-31	编辑 详情 关联备件 删除
16	4#提升泵	ZJSJSW01010116	KRT K300 - 400/606UNG—S	格栅及提升泵房	沙湖	启用	2020-12-31	编辑 详情 关联备件 删除
17	4#提升泵操作箱	ZJSJSW01010117	800×800×2200mm	格栅及提升泵房	沙湖	启用	2020-12-31	编辑 详情 关联备件 删除
18	可拆卸式移动龙门吊	ZJSJSW01010118	MD1 - 3 - 18D	格栅及提升泵房	沙湖	启用	2020-12-31	编辑 详情 关联备件 删除

图 5.14　武汉大东湖深隧项目智慧平台资产清单管理界面

系统支持的设备信息包括设备台账信息、设备参数、设备备件信息及设备相关的供应商信息、相关资料、设备图文、备件信息等内容。

（2）备品备件管理

备品备件库存管理功能通过全电子化的工作流程管理，能够详细记录备品备件出入库信息，采购的备件进入项目公司仓库后记录库存台账，并在仓库库存调剂、领用出库、库存编辑时，记录操作的历史日志（图 5.15）。该功能可以实现对备品备件使用的精确管理和控制，保证备品备件跟踪和统计并横向对比备件消耗情况，杜绝浪费。此外，可按照库房、备品备件类别等信息快速查询库房内备件明细及存量，并设置备件在库限值，以便在备品备件存量低于限值时管理人员及时采购。

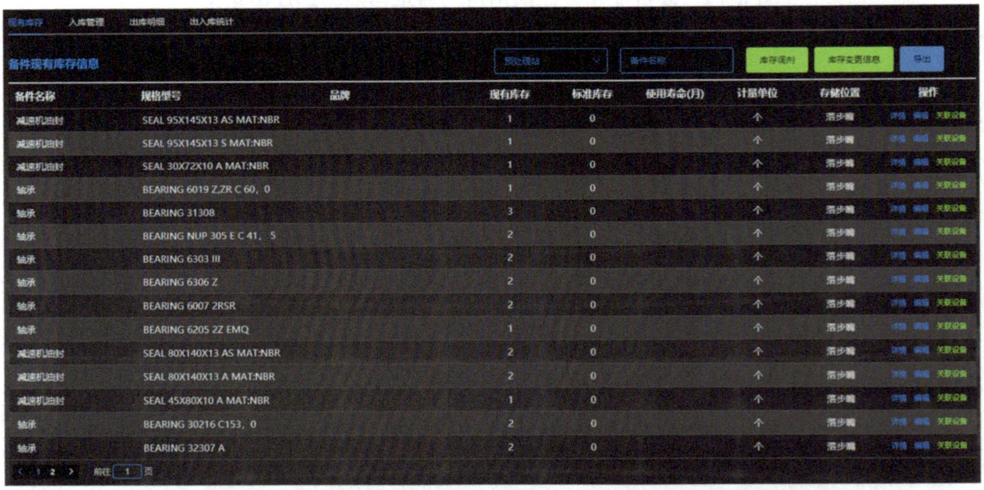

现有库存 入库管理 出库明细 出入库统计

备件现有库存信息

备件名称	规格型号	品牌	现有库存	标准库存	使用寿命(月)	计量单位	存储位置	操作
减速机油封	SEAL 95X145X13 AS MAT:NBR		1	0		个	落步嘴	详情 编辑 关联设备
减速机油封	SEAL 95X145X13 S MAT:NBR		1	0		个	落步嘴	详情 编辑 关联设备
减速机油封	SEAL 30X72X10 A MAT:NBR		1	0		个	落步嘴	详情 编辑 关联设备
轴承	BEARING 6019 Z,ZR C 60，0		1	0		个	落步嘴	详情 编辑 关联设备
轴承	BEARING 31308		3	0		个	落步嘴	详情 编辑 关联设备
轴承	BEARING NUP 305 E C 41，5		2	0		个	落步嘴	详情 编辑 关联设备
轴承	BEARING 6303 III		2	0		个	落步嘴	详情 编辑 关联设备
轴承	BEARING 6306 Z		2	0		个	落步嘴	详情 编辑 关联设备
轴承	BEARING 6007 2RSR		2	0		个	落步嘴	详情 编辑 关联设备
轴承	BEARING 6205 2Z EMQ		1	0		个	落步嘴	详情 编辑 关联设备
减速机油封	SEAL 80X140X13 AS MAT:NBR		2	0		个	落步嘴	详情 编辑 关联设备
减速机油封	SEAL 80X140X13 A MAT:NBR		2	0		个	落步嘴	详情 编辑 关联设备
减速机油封	SEAL 45X80X10 A MAT:NBR		1	0		个	落步嘴	详情 编辑 关联设备
轴承	BEARING 30216 C153，0		2	0		个	落步嘴	详情 编辑 关联设备
轴承	BEARING 32307 A		2	0		个	落步嘴	详情 编辑 关联设备

前往 1 页

图 5.15 武汉大东湖深隧项目智慧平台备品备件管理界面

（3）文档管理

文档管理是设备资产管理的重要组成部分，对设备相关文档进行科学、有序的管理，为设备后续的维护管理提供强有力的支撑。系统提供文档分类管理，包括设备说明书文件、设备故障报告、其他类型等（图 5.16）。相关功能主要包括：

① 可以对相关文档资料增删查改，通过文档名称、类型进行筛选查看。

② 可以查看和编辑每个文档的基本信息、在页面预览或下载文档、设置关联的预处理站和设备。

电子文档管理

文档名称	文档描述	文档类型	格式	上传人	上传时间
ksb泵-潜水离心泵		说明书	pdf	wuhui	2021-06-25 09:21:16
(除臭系统操作维护手册) 大东湖沙湖--惠斯顿20201118		说明书	pdf	wuhui	2021-05-10 09:39:04
SISMATUK旋转板式格栅操作维护手册-落步咀6mm完整版		说明书	pdf	wuhui	2021-05-10 09:39:55
粉碎型格栅使用说明书		说明书	pdf	wuhui	2021-05-10 09:40:45
KSB泵 - 潜水轴流泵		说明书	pdf	wuhui	2021-05-10 09:42:03
SISMATUK旋转板式格栅操作维护手册-二郎庙3mm（完整版）		说明书	pdf	wuhui	2021-04-19 09:20:51
SISMATUK旋转板式格栅操作维护手册-二郎庙6mm（完整版）		说明书	pdf	wuhui	2021-05-10 09:38:26
离心泵故障分析0625		故障分析报告	pptx	jih	2021-06-28 17:50:30

图 5.16　武汉大东湖深隧项目智慧平台文档管理界面

5.1.8.4　生产管理

（1）运行监控

运行监控功能汇集所有深隧工程业务，涵盖深隧管道、各预处理站业务系统关键数据，展现大东湖深隧工程运行监控画面、视频监控画面及相关业务数据（图 5.17、图 5.18）。根据需要将在线信息和生产运行数据关键指标等信息有机融合，直观掌控大东湖深隧工程相关信息。

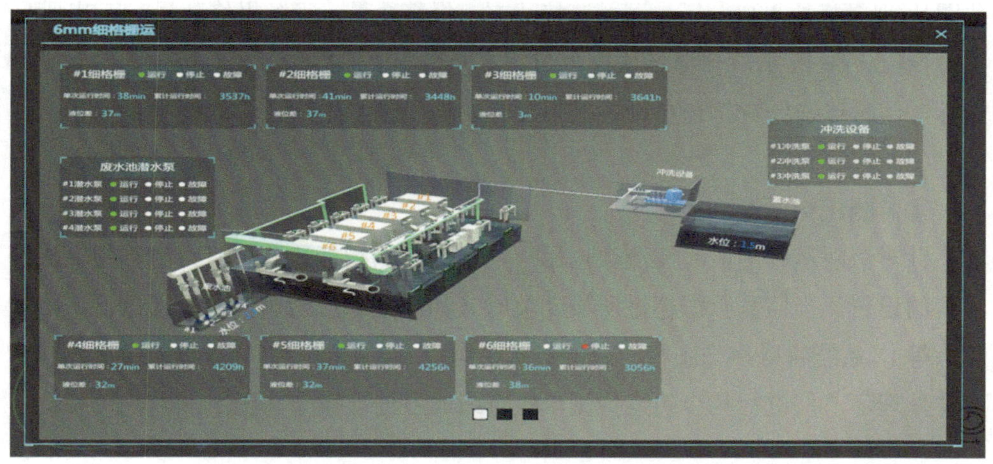

图 5.17　武汉大东湖深隧项目智慧平台预处理站运行监控画面

图 5.18 武汉大东湖深隧项目智慧平台现场视频监控画面

监控画面采用 BIM 三维画面，将工艺站点的工业指标数据、工业画面等展示出来，方便相关人员远程实时掌握站点运营情况。可以配置数据刷新频率，能够展示所有厂站的 KPI 实时测点数据，支持用户自定义配置监视工艺。

系统支持将各工艺点的基本信息、报警情况、报警处理统计、相关出勤人员任务分派及执行分布情况在区域地图上以总览形式统计展示。提供各工艺点的宣传图片/视频抓拍入口、厂站网关连接状态、报警数量、设备报修数量、工艺画面/关键指标/历史报警/视频监控快捷入口，方便用户快速掌握各工艺点的关键数据和指标，同时迅速针对工艺点设备报警发起缺陷申报，提高工作效率。

（2）报警管理

①监测超标报警。

针对深隧运行的所有监测数据用户，根据监测指标和监测站点进行超标报警阈值的设置。当监测数据超过所设阈值时（如深隧管压力过高、流速过低、水质超标等），系统将以声光图相结合的形式报警提示，提醒并引导运维人员进入异常事件处理环节，进行相应的维护派单检查或调度处理操作（图 5.19）。

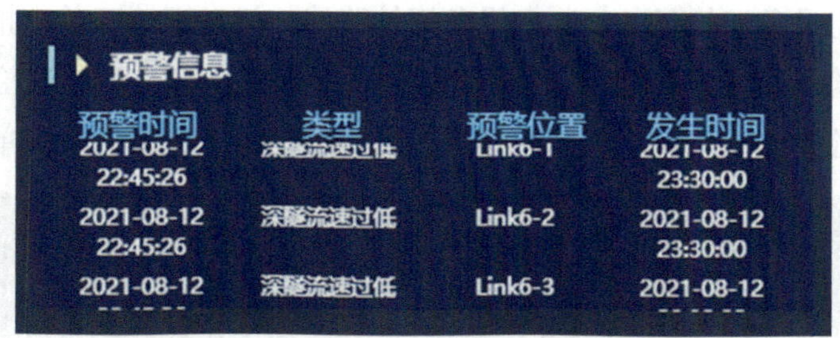

图 5.19　武汉大东湖深隧项目智慧平台超标预警信息界面

②淤积预警信息。

利用淤积监测与水力模型模拟，对易淤管段或者已经发生淤积的管段发出预警，由后台向监控大屏实时推送预测结果和预警信息，并展示水质、水文模型的可视化地图场景。

③设备异常信息。

对于平台系统监测发现的全流域内水利设施设备异常的，如爆管、断电、损坏等，需经审核后，管理人员通过平台列表实时查看进程中的所有异常事件并进入维护派单检查流程（图 5.20）。

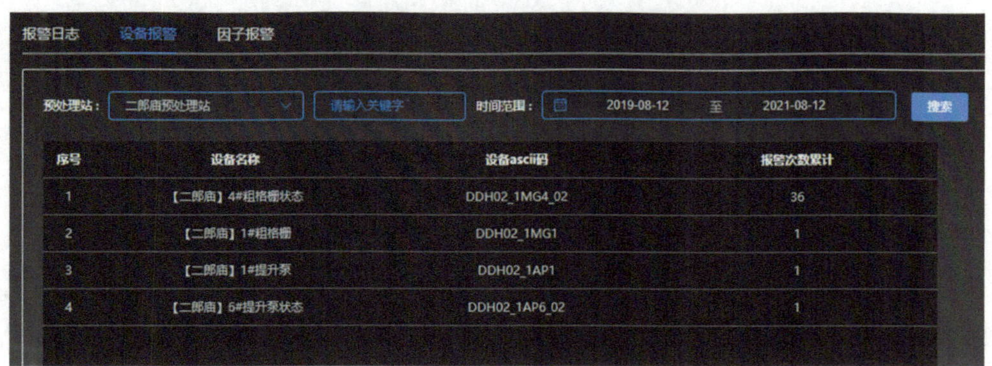

图 5.20　武汉大东湖深隧项目智慧平台设备运行预警报警信息界面

（3）巡检管理

考虑针对深隧工程的外业巡线和针对预处理站内的设备巡检，系统设计了深隧巡检和站内巡检两个功能模块。系统根据巡检班组生成相应的日常巡检作业计划，包括制定设备巡检任务，制定设备巡检路线，派发巡检工单给指定班组或巡检人员。巡检人员通过手机 App 填写巡检执行工单，可及时对巡检过程中检修的项目、巡检的结果、发现的问题等进行反馈与记录，完成巡检工单（图 5.21）。

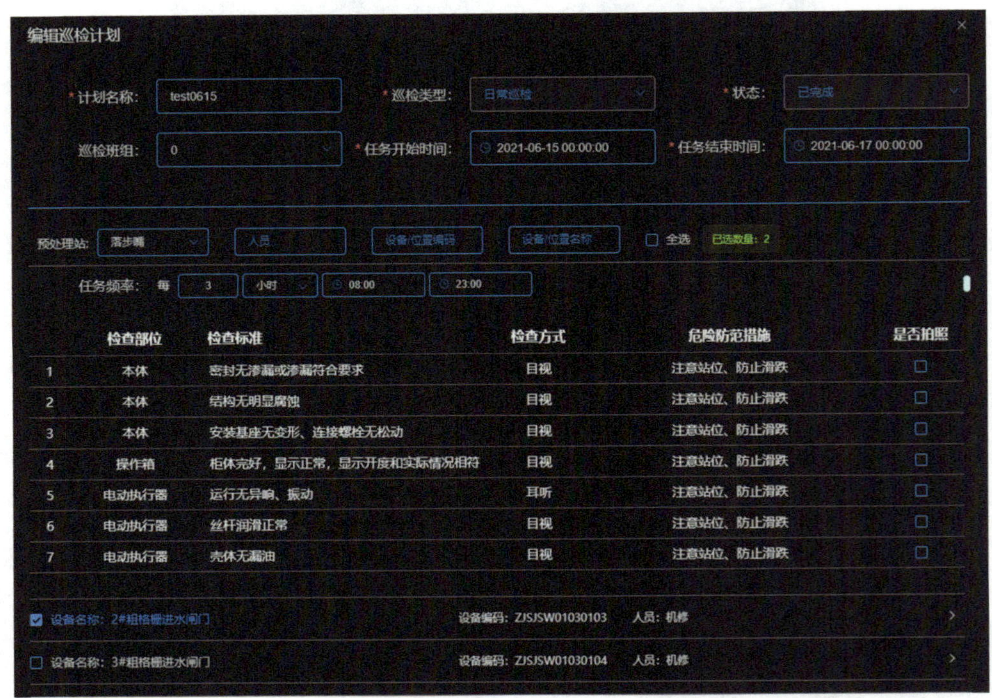

图 5.21 武汉大东湖深隧项目智慧平台设备巡检计划管理界面

（4）维修管理

当巡检或日常工作中发现问题时，支持现场移动端和 Web 端缺陷申报，申报信息采用文字和图片相结合的方式。申报流程发起后，可以进行缺陷处理或生成维修工单，并派发给相关维修人员。问题处理完成后，需运维管理人员审核，审核通过后关闭缺陷；问题无法处理的，可以转交上一级人员处理，实现整个设备缺陷的闭环管理。

维修工单模块可以查看针对缺陷问题派发的维修工单及其处理状态。维修人员在手机 App 完成维修工单内容提交后，维修工单变为待审核状态，经派单人确认后缺陷状态变为已审核。

（5）保养管理

设备保养管理模块主要管理设备日常保养计划和维修工单，并根据保养标准进行维护。

运维管理人员应提前在系统设定相关设备设施的保养计划，包括保养项目名称、保养周期、开始和结束时间、保养设备以及需要保养的内容等。支持年度计划、季度计划、月度计划、日计划，待计划设定完成并生成保养计划工单后，可手动分配给执行人员，也可以复制一条内容一样的保养计划。管理人员可结合值班情况，将任务转派他人。在保养工作执行完成后，用户可以通过手机 App 填写保养执行工单，对保养过程中检修的项目、保养结果、发现的问题等及时进行反馈与记录，完成保养计划工单（图 5.22）。

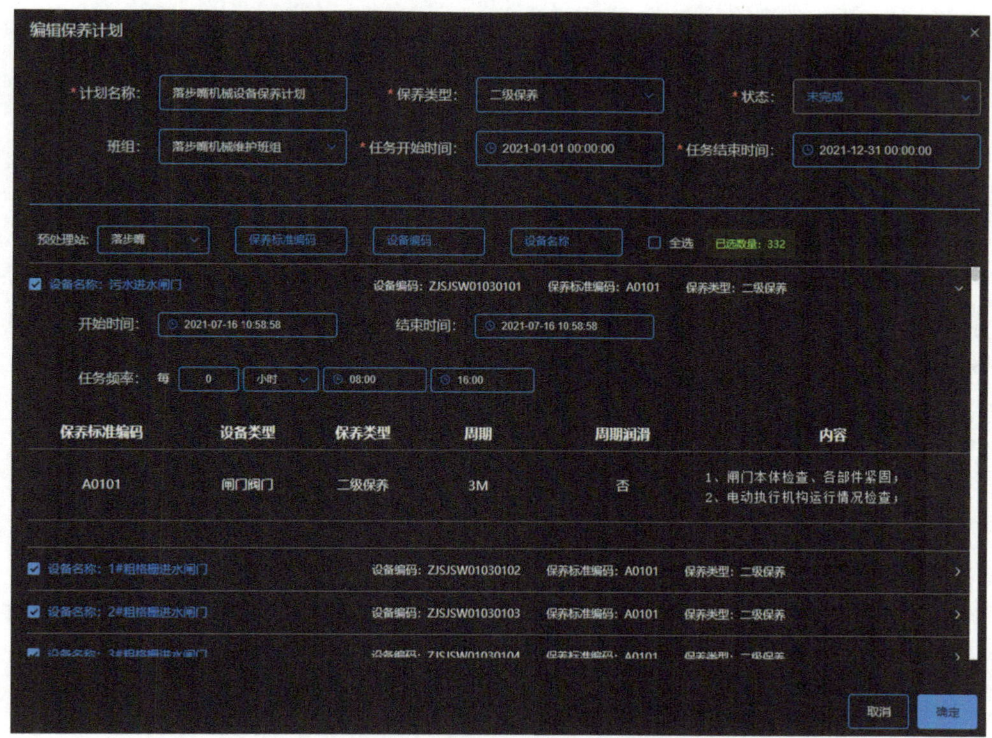

图 5.22　武汉大东湖深隧项目智慧平台设备周期性管理保养管理界面

（6）班组管理

针对设备的日常巡检、保养工作以班组为单位进行人员组织管理与工单派发，系统设计了单独的班组管理模型对班组进行管理。可对班组以及班组内的人员进行增删调整，考虑运维班组会跨预处理站工作，一个班组可以设置关联多个预处理站（图 5.23）。

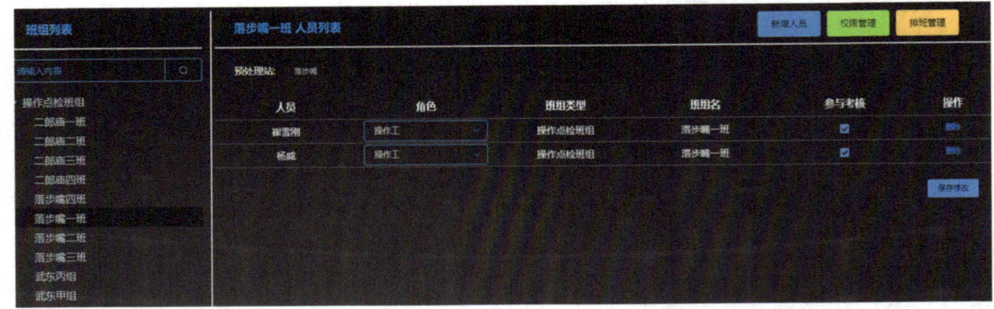

图 5.23　武汉大东湖深隧项目智慧平台班组事务管理界面

5.1.8.5　应急管理

（1）深隧模型构建

深隧模型是水量预测、淤积风险模拟预测与调度方案模拟的基础，在武汉大东湖深隧项目中采用暴雨洪水管理模型（Storm Water Management Model，SWMM）搭建基础水动力模型。在武汉大东湖深隧项目中，因项目范围限制不涉及上游管网与地块，因此，不采用模型的水文模块，仅采用水力模型与水质模型，其中，水质模型中仅建立 SS 对流扩散模型，为淤积风险模拟做好前期基础。

①水力模型。

大东湖深隧管道内水动力状态符合一维圣维南方程的假设，可以使用一维管网水力模型进行模拟。根据深隧管线的节点坐标、高程、坡度等信息搭建 SWMM 模型，模型管道总长 19.2 km。其中，以二郎庙预处理站、落步嘴预处理站为模型入流边界，以末端泵站为出流边界。

②水质模型。

水质模型主要建立 SS 的对流扩散模型，与一般污染物模型不同，在 SS 对流扩散模型中不考虑 SS 的衰减，因在深隧中 SS 的衰减主要由 SS 颗粒沉降造成，该部分会通过淤积模型进行计算。

③淤积模型。

淤积模型将淤积过程分为沉积与冲刷两个过程，其计算公式见 3.3.2 节中的相关介绍。

（2）决策支持

大东湖深隧智慧运营系统结合模型算法对管道内的水力状态进行模拟分析，预测深隧淤积分布。根据外界环境变化，分为旱季、汛期、检修、冲淤 4 类调度方案。把已经验证的、好的调度方案存入专家库，系统根据天气数据、管道压力流量等监测数据结合算法分析，自动推送最优调度方案。

①流速淤积预警。

深隧淤积将影响正常排水运行功能，由于其工程特点难以准确、全面地掌握管道的淤积状况。智慧平台利用排水管网模型对管道内的水力状态进行及时的分析计算，可以识别由于流速过小而较容易发生淤积的区域和对应管道，指导管道的日常养护，做到防患于未然（图 5.24）。

图 5.24　武汉大东湖深隧项目智慧平台深隧流速分析预警界面

系统对管道中的流速、水深和流量等数据结合模拟数据进行分析，形成直观易懂的专题地图、变化曲线、统计图表和管道纵断面图等，协助运维管理人员更加全面、直观地掌握深隧水流特征，从而识别出容易发生淤积的管道。通过管道流速分级地图的颜色差异，可以直观地看出整个管网中流速的空间分布规律，如区域管网中管道内的水流速度普遍较高（深色显示），整体发生淤积的风险较低。结合监测点位的 SS 监测值，进一步对深隧内的淤积情况进行模拟。建立机器学习框架，通过一段时间的淤积与流速监测数据，建立流速、时间与淤积厚度的关系模型，进而预测未来一段时间内的淤积情况。

②调度管理。

调度管理模块基于深隧实际运行中的调度需求，按照使用场景，共设置 3 种调度方案模拟逻辑，即常规调度方案、淤积冲刷调度方案、应急调度方案，其调度逻辑如图 5.25 所示。

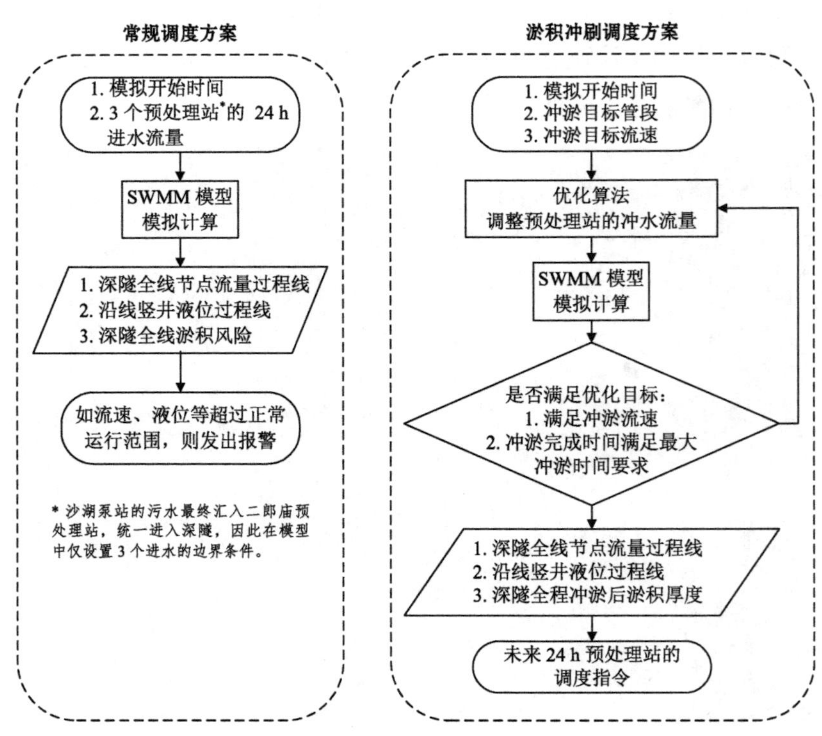

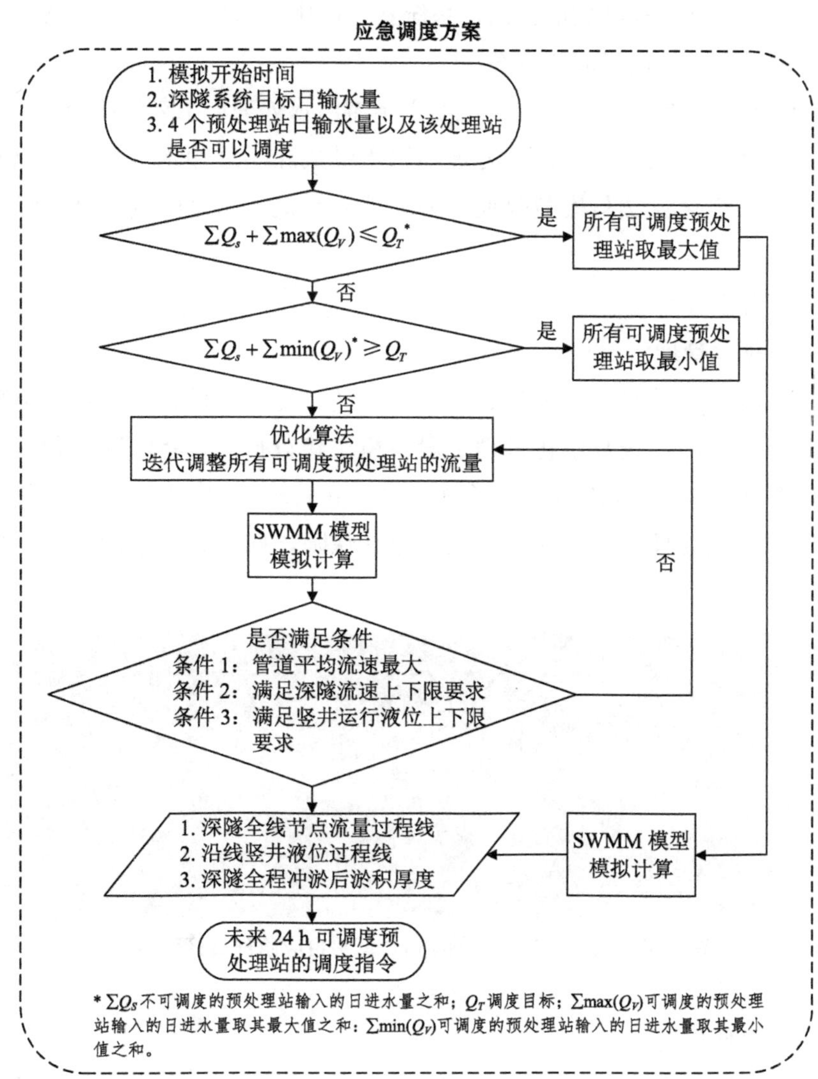

图 5.25 武汉大东湖深隧项目智慧平台 3 种调度模式的流程逻辑

a. 常规调度方案：该模式应用于日常调度，为管理人员提供“调度模拟实验室”，模拟不同进水方案对下游各竖井与末端污水处理厂带来的影响，从而调整与优化日常调度方案。

b. 淤积冲刷调度方案：该模式应用于深隧淤积风险较高时，针对特定高风险管段提高流速实现淤积冲刷的情景，系统基于优化算法与模型验证，为管理人员提供满足冲淤条件的最优调度方案。

c. 应急调度方案：该模式主要应用于下游污水处理厂工艺线检修、上游预处理站泵站检修等特殊情境，在预处理站输水量或深隧总输水量发生大幅变化的情况下，基于优化算法与模型验证，为管理人员提供满足限制条件的最优调度方案。

（3）应急事件管理

①应急预案管理。

应急预案管理是对已知风险进行识别定义、定性分析、制定对应策略、保存经验记录等过程的全数字化管理手段。模块建设初期，将深隧工程现有的全面风险管理体系和应急预案融入平台中。通过在管理上建立规范的应急预案制度并结合全数字化管理手段，让深隧运营更有保障，应急状态下的处置也更灵活（图 5.26）。

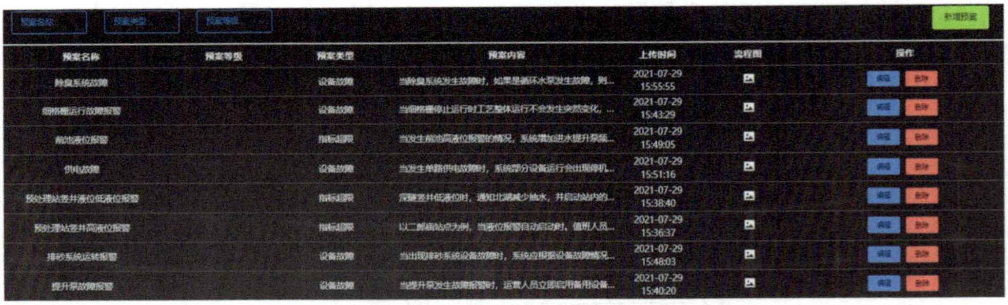

预案名称	预案等级	预案类型	预案内容	上传时间	流程图	操作
除臭系统故障		设备故障	当除臭系统发生故障时，如果是循环水泵发生故障，则...	2021-07-29 15:55:55		
细格栅运行故障报警		设备故障	当细格栅停止运行时工艺整体运行不会发生突然变化，...	2021-07-29 15:43:29		
前池液位报警		指标超限	当发生前池高液位报警的情况，系统增加进水提升泵频...	2021-07-29 15:49:05		
供电故障		设备故障	当发生单路供电故障时，系统部分设备运行会出现停机...	2021-07-29 15:51:16		
预处理站竖井液位低液位报警		指标超限	深隧竖井低液位时，通知北湖减少抽水，并启动站内的...	2021-07-29 15:38:40		
预处理站竖井高液位报警		指标超限	以二郎庙站点为例，当液位报警自动启动时，值班人员...	2021-07-29 15:36:37		
排砂系统运转报警		设备故障	当出现排砂系统设备故障时，系统应根据设备故障情况...	2021-07-29 15:48:03		
提升泵故障报警		设备故障	当提升泵发生故障报警时，运营人员立即启用备用设备...	2021-07-29 15:40:20		

图 5.26 武汉大东湖深隧项目智慧平台应急预案管理界面

②应急事件处置。

应急事件处置是对已发生的应急事件及时登记管理，当风险事件处理结束后，在平台录入对应处理结果和经验总结。后续按时间或风险类别进行查询，为未来可能出现的风险事故做好防范准备。

当运行人员报告应急事件时，管理人员通过平台查看应急处理预案后，根据预案要求统一调度，对各相关执行人员进行下一步工作安排。

管理人员在平台上能够看到应急处理的全过程记录（图 5.27），实现应急处理过程的监督管理。

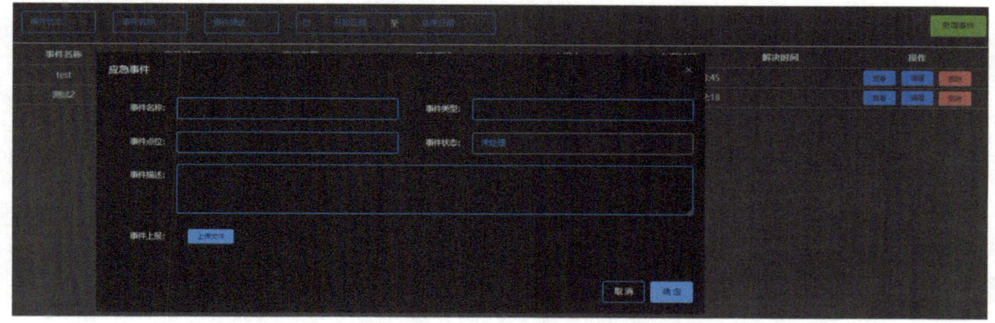

图 5.27　武汉大东湖深隧项目智慧平台应急事件上报与管理界面

③应急指挥。

基于融合通信中台能力，二郎庙指挥中心可以与深隧沿线各站点（二郎庙预处理站、落步嘴预处理站、武东预处理站）现场工作人员通过视频语音实时对讲，实现项目人员一键组会、远程现场生产汇报实时连线等功能，保障深隧工程发生应急事件时可以及时响应，高效协作，一体化指挥作战，避免或者减少应急事件造成的损失。

5.1.8.6　数据管理

通过数据管理功能，用户可以实时对全厂工艺运行及数据进行全方位的综合管理，实现对水厂的当前运行状态实时监控、趋势分析等。

（1）趋势分析

系统提供多种曲线展示风格，如多测点展示和单测点展示。实时展现即时运行数据和历史数据，并以多种曲线方式进行呈现。可直观地查看图表等反映的运行趋势，可以进行多个曲线的同比、环比分析，数据曲线收藏和分享。

（2）台账生成

台账生成功能能够实现以实时的生产数据和历史数据集合为基础，通过数据项的数据汇总计算，生成各类系统管理台账。支持台账结构自定义、台账定制自动生成、台账历史修改记录批注、台账全格式导出等功能，降低台账制作的人工投入和误差。

5.1.8.7 人员管理

武汉大东湖深隧项目涉及运营人员较多，对现场人员高效管理是项目运营管控工作的重点之一。针对公司员工业务技能和管理目标进行培训计划制订、培训内容跟踪和培训效果评估；建立运营人员工作档案，实时查看个人培训情况、日常巡检、维修等工作，作为人员绩效考核的参考标准。让管理人员全面了解运营人员的工作情况，通过多维度的量化考核评估，提高运营人员工作质量及效率。

（1）培训管理

培训管理以人员线下培训（实操、PPT 演示）、新员工入职培训、制订培训计划及培训成果反馈为切入点，管理思路结构化，线上、线下双重数据叠加反馈，系统提供相对应的输入、输出界面，为后续对运营人员每月培训成果评分提供依据。

（2）人员绩效

建立运营人员考核指标库，设定考核指标占比系数和评分标准，做好人员考核基础数据铺垫。系统提供月度、年度指标项评分填报入口、责任归口，形成人员考核结果和评分结果统计查询（图 5.28）。

系统还同步完善与之对应的积分管理机制，运营人员获得的专业技能证书、新人入职老带新等，可为人员的积分提升提供数据支持。积分管理制度完善后，有助于管理人员对考核体系内的工作人员的积分排名作对比，为人员职称调整、级别调整提供数据支撑。

图 5.28 武汉大东湖深隧项目智慧平台运营人员绩效管理界面

（3）绩效统计

绩效统计纳入积分考核、作为管理人员综合排名的依据。以档案管理思路方式，从人员培训记录、职业证书、老带新师徒协议、人员工单完成情况、绩效或积分成绩出发，归纳汇总，聚合查询，以图形化、表格化形式展示个人完整信息。

5.1.8.8　系统管理

系统管理满足用户对系统进行配置、控制和管理的需求。用户的各个角色在登录系统后，可以按照不同角色的需求和关注，定制个性化界面。用户在首页就可以看到其所关注的功能点的最新数据，实现对各使用者进行分级和权限管理，对角色进行设定及授权。

5.1.8.9　移动端应用

建设移动端应用，实现对设备设施在运行过程中的动态数据实时监测，保证各级管理人员和操控人员及时掌握运行状态；同时巡检、维修或养护人员可使用移动应用对设备设施现场进行巡检及维修养护，并可拍照上传巡检异常信息，通过智能语音交互上报异常事件，方便现场人员使用。

从巡检计划的制订到巡检任务的完成，以及后续巡检原因的分析和全部巡检任务的汇总统计，形成一个闭环管理流程。让管理人员充分应用移动+互联的管理手段，实现对分散式的高效管理。通过信息展示、设备管理、智能巡检、运营管理、监控视频及语音助手六大功能来实现移动端的相关应用（图 5.29）。

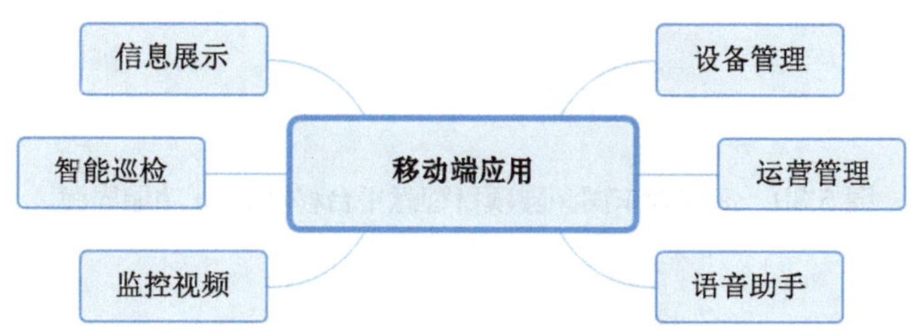

图 5.29　武汉大东湖深隧项目智慧平台移动端结构功能

此外，移动端应用能为项目运维管理人员提供移动办公服务，通过系统关键业务信息获取协助工单流转和管理，并通过智慧平台的相关数据服务接口实现数据通信和业务交互（图 5.30）。

图 5.30 武汉大东湖深隧项目智慧平台移动 App 功能界面

5.1.9　应用展示体系

（1）监控中心大屏端

大东湖深隧智慧运营系统监控中心大屏端是大东湖深隧运行管理的总体监控指挥平台。供相关领导全面感知深隧整体运行态势，综合评估深隧管道运行状况，通过对运营大数据进行分析和可视化呈现，辅助深隧调度决策和应急指挥。同时，系统运行数据实时接入总公司智慧运营指挥中心，实现统一展示、汇总分析和调度指挥。

（2）PC 端

大东湖深隧智慧运营系统 PC 端是项目公司深隧日常运营管理的核心系统。根据深隧管道系统、预处理站系统的运行调度管理与运营维护管理需要，结合大东湖深隧系统输水工艺，以输水调度、多远程站点联合管理为目标，围绕“全资产在线、全状态感知、全要素即时响应、全系统智慧调度”，为大东湖深隧运维管理量身打造智慧化水务管理平台。

（3）移动端

大东湖深隧智慧运营系统配置移动端平台，使深隧运营管理摆脱空间的束缚，为运营管理人员和运维人员提供极大的便利。运营管理人员可在手机移动终端查看项目生产运营的动态数据，实时掌握项目生产现状。运维人员可利用手机终端高效完成对站点、竖井的巡检、维修和养护，并通过拍照上传，来提交现场巡检异常和维修信息，完成从计划制订、任务完成、汇总统计到考核评估的闭环管理流程，实现移动+互联的分散式高效管理。

5.1.10　标准规范体系

武汉大东湖深隧项目可以借鉴的经验较少，数字化建设更是缺乏具体的技术指导框架和建设规范，尤其需要一套完整的数字化规划、建设、运营框架等指导信息。因此，武汉大东湖深隧项目运营管理团队结合深隧信息技术的实际应用和深隧业务特点建立了标准规范体系，编制基础设施标准（机房场地、网络、物联网、计算存储）、信息安全标准（安全管理、安全技术、安全运营）、数字化管理标准（数据填报、项目管理、系统准入退出、系统运维）等，为深隧智慧运营提供标准体系支撑。并且在后续日常工作中不断总结经验，建立动态完善机制，为公司运营数字化发展提供规范化的管理体系。

5.1.11 安全保障体系

武汉大东湖深隧智慧运营系统存储深隧工程所有的运行数据，指导深隧的日常运维、预测预警及联合调度，一旦发生网络攻击事件将会造成系统紊乱，打乱整个运营系统的日常工作，因此系统的安全保障尤为重要。

智慧运营系统的安全保障体系建设遵循《中华人民共和国网络安全法》和《信息安全技术　网络安全等级保护基本要求》。参考中国大陆先进行业、企业的网络安全实践经验，从物理安全、访问控制、应用安全 3 个方面建设，促进安全防护体系、防护机制、防护范围的全面提升。

（1）物理安全

为保证信息系统安全运行，降低或阻止人为因素、自然因素对硬件设备的安全运行带来风险，应对硬件设备及部件采取适当安全措施，并建立严格的机房管理制度，如设备及机架做好防静电措施，以免损坏电路板；保证机房周围清洁，做到无杂物、无垃圾、无污水；机房内严禁吸烟，禁止将食物及饮水用具带进机房；灭火装置应放在指定位置并定期检查等。

（2）访问控制

武汉大东湖深隧智慧运营系统采用灵活配置安全防范的策略，通过防火墙对提供边界访问控制，严格控制进出网络的访问，明确访问来源、访问对象及访问类型，确保合法访问的正常进行，杜绝非法和越权访问。此外，采取加密访问控制，设置 IP 黑白名单，防止假冒的非法访问，安装入侵检测系统、网络安全扫描系统及防病毒软件等方式控制非法访问。

（3）应用安全

武汉大东湖深隧智慧运营系统硬件结合防火墙、入侵检测、行为分析管理、网关访问控制、运维审计等一系列软硬件安全措施，针对系统的实际应用和操作系统平台、数据库平台，对扫描项进行合理的组合，更快、更有效地帮助网络管理人员构建自己专用的安全策略，为智慧运营系统提供可靠的安全保障。

5.2 数字化运营系统应用

大东湖深隧智慧运营系统于 2020 年 10 月建设完成，已应用于大东湖深隧工程日常运营维护工作，运行稳定。智慧运营系统解决了大东湖深隧运营期内合理调度与淤积风险管控问题，最大限度地降低了深隧运行风险，同时统筹规划上下游调度需求。健康监测系统建立了深隧结构健康评价体系与风险预警模型，实现了运营期污水隧道结构的实时安全监测与风险预测，提高了深隧安全水下检测效率。

5.2.1 系统应用

通过智慧运营管理系统，武汉大东湖深隧项目建立了规范、科学、有效的巡检养护体系。对巡检养护记录进行综合管理，能及时预防生产事故的发生，为深隧工程设备设施的养护和维修提供了依据，并且人员工作成果也作为项目公司人员绩效考核的参考标准。

（1）深隧站内运维

巡检养护工作是深隧日常运营最重要的工作之一，在数字化运营技术的帮助下，武汉大东湖深隧项目人员可以在系统中制订巡检养护计划，日常运维工作可以通过“工单”形式在各个职能部门流转，借助手机等移动终端，采用“扫码—巡检—记录—上报—统计”的流程化作业方式，设备的实时状态和巡检养护信息都会得到完整记录，相较于传统纸质资料，更方便调取、全面明了。同时针对大龄工人手机打字问题，利用智慧语音系统，发现问题后通过手机讲话自动转为文字记录上报。每月月底，通过人员绩效统计分析功能，对人员的工单完成情况、发现缺陷情况、平均维修时长等指标进行排名，并作为月度绩效考核的依据，大大提升了人员的工作积极性和工作效率，从而完成从计划制订、任务完成、汇总统计到考核评估的闭环管理流程。

通过对设备进行周期性巡检养护，2022 年 1—5 月，武汉大东湖深隧项目每月的设备平均完好率为 98.28%，均超过 95%。大东湖深隧智慧运营管理系统的无纸化、电子化管理流程能提高 20%～30%的巡检养护效率。

（2）深隧沿线巡查

深隧沿线维保主要针对 17.5 km 的主隧和 1.7 km 的双线支隧的地表外源性破坏风险进行每周一次的沿线巡检。大东湖深隧无人机巡线的航线如图 5.31 所示。

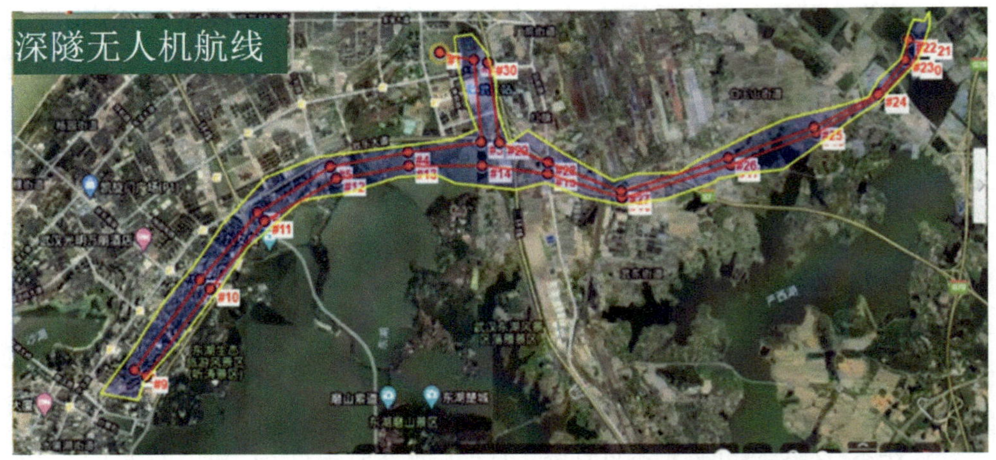

图 5.31 武汉大东湖深隧项目智慧平台无人机规划航线示意图

通过无人机巡线获取深隧地表的影像资料，借助人工智能技术识别深隧保护区内的危险源目标。针对城市排水深隧巡线，主要识别航拍图片中深隧保护区内是否存在工地、大型施工机械、取土、打井等可能危害城市深隧安全的物体或事件信息。

系统投入使用后，共进行无人机巡线 70 余次，发现安全风险事件 3 起，识别准确率为 100%，大大提高了巡线效率，保障了深隧沿线结构安全。

5.2.2 数据资产分析

依托智慧运营系统数据统计与分析功能，武汉大东湖深隧项目每半年进行一次运营大数据资产分析，总结运营管理经验，调整工艺控制策略。

（1）预处理站液位分析

因其中 3 个预处理站采用相同工艺，所以对其进行合并分析。选取 2022 年 1—5 月二郎庙、落步嘴、武东 3 个预处理站进水池和提升泵池液位数据进行分析，得到了各项指标的变化情况（图 5.32）。

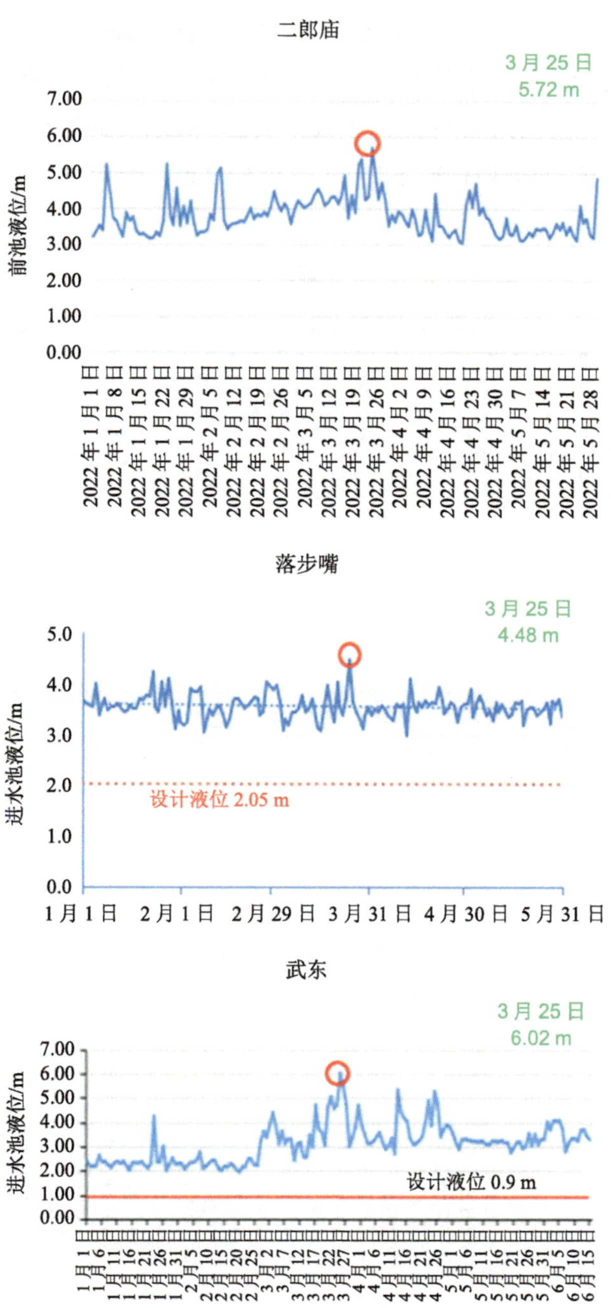

图 5.32 武汉大东湖深隧项目智慧平台各站点进水池液位趋势分析

进水池液位部分，二郎庙整体波动较大，最大值出现在 3 月 25 日，为 5.72 m，平均液位为 3.18 m，高于设计液位。落步嘴除 3 月 25 日出现最大值外，其余时间波动平稳，平均液位为 4.0 m，高于设计液位。武东的变化趋势与二郎庙相似，波动较大，最大值也出现在 3 月 25 日，为 6.02 m，平均值为 4.7 m，高于设计液位。

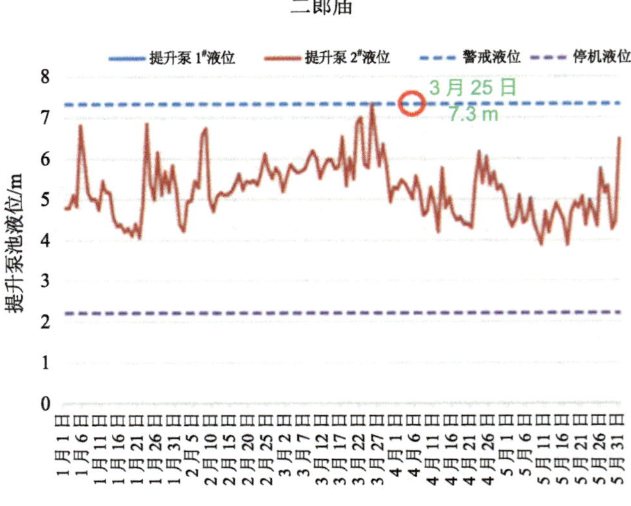

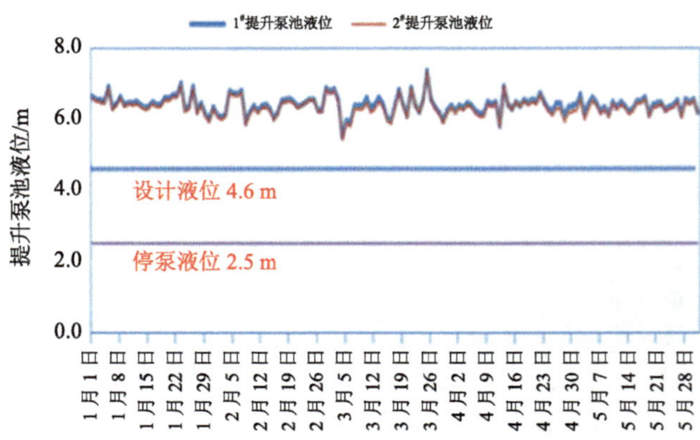

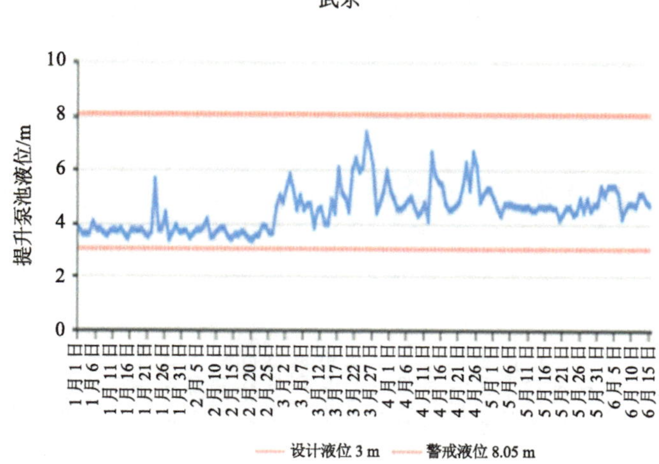

图 5.33　武汉大东湖深隧项目智慧平台各站点提升泵池液位趋势分析

提升泵池部分，二郎庙两个液位数据一致，波动较大，平均值为 5.4 m，均低于警戒液位，最大值同样出现在 3 月 25 日，为 7.3 m。落步嘴两个液位变化一致，整体稳定，最大值也在 3 月 25 日，达 8.1 m。武东的液位整体波动较大，3 月 25 日出现最大值，为 6.59 m，平均值为 4.7 m，高于设计液位。

根据 3 个预处理站的运行管理发现进水池、提升泵池液位均偏高。建议在满足深隧系统整体水量调度的前提下，适当提高输送水量，降低提升泵池液位，这样可以提高深隧流速，预防淤积。

（2）深隧流速分析

对 2022 年 1—5 月深隧流速监测数据进行分析，得到了各项指标的变化情况（图 5.34）。

除 4#竖井部分数据因供电故障导致数据传输掉线外，深隧整体流速基本保持稳定，平均流速为 0.70 m/s，最高流速为 0.96 m/s，最低流速为 0.57 m/s。从上游至下游的平均流速满足深隧设计中 0.65 m/s 的最低流速要求。

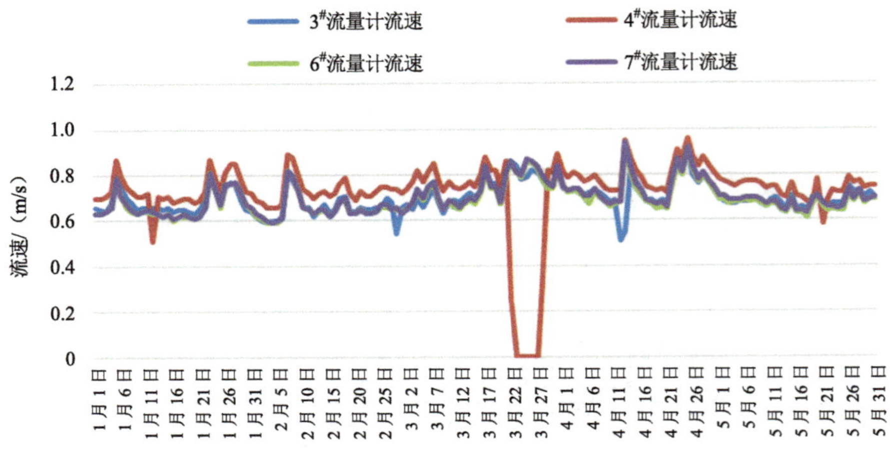

图 5.34 武汉大东湖深隧项目智慧平台深隧流速趋势分析

（3）深隧健康分析

对 2021 年 8 月深隧健康监测数据进行分析，得到了各项深隧健康指标的变化情况。

钢筋应力计实测数据为 −5～1.5 kN，而且曲线趋势平稳，按照目前的阈值标准，Ⅰ级小于 50 kN，Ⅱ级 50～70 kN，Ⅲ级大于 70 kN。现阶段钢筋应力计实测数据为Ⅰ级安全状态，结构强度富裕较多（图 5.35）。

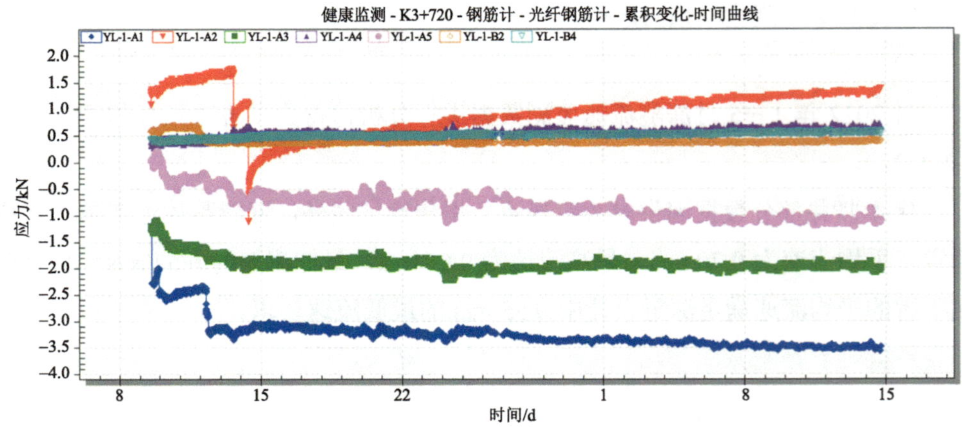

图 5.35 武汉大东湖深隧项目智慧平台深隧结构健康钢筋应力趋势分析

光纤混凝土应变实测数据为 −30～20 με，而且曲线变化幅度很小，趋势平稳，按照目前的阈值标准，混凝土应变按照 300 με 控制，Ⅰ级小于 150 με，Ⅱ级为 150～210 με，Ⅲ级大于 210 με。当前实测值为Ⅰ级，混凝土应变实测数据很小，混凝土无裂纹，结构处于安全状态（图 5.36）。

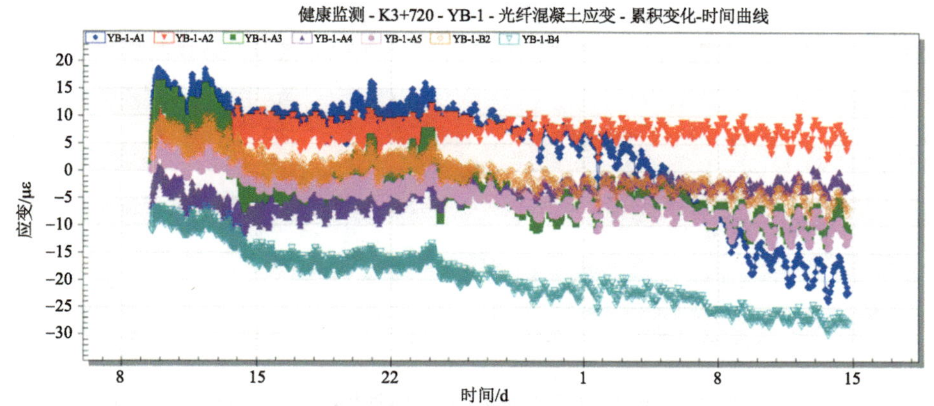

图 5.36　武汉大东湖深隧项目智慧平台深隧结构健康光纤混凝土应变趋势分析

渗透压力实测数据为 −0.03～0.09 kPa，而且曲线变化幅度很小，趋势平稳，数据变化属于传感器本身的数据跳动，实际未检测到水下渗透压力变化。按照目前的阈值标准，Ⅰ级安全状态下阈值为 15 kPa，Ⅱ级预警阈值为 15～30 kPa，Ⅲ级预警阈值超过 30 kPa。当前实测值为Ⅰ级，渗透压力实测数据非常小，结构未出现渗透（图 5.37）。

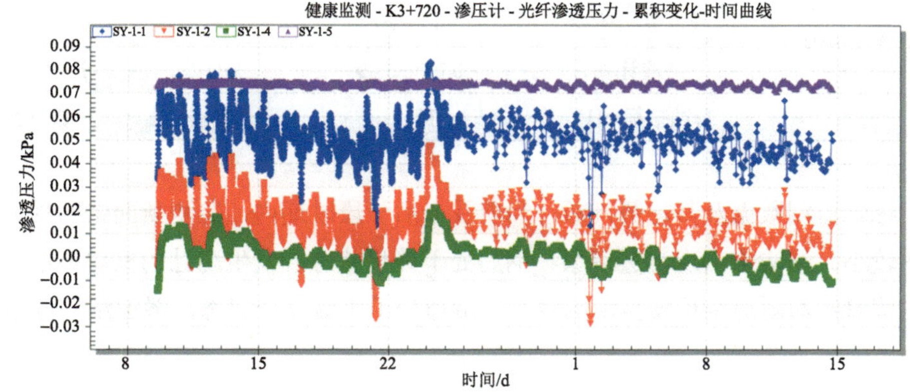

图 5.37　武汉大东湖深隧项目智慧平台深隧结构健康渗透压力趋势分析

pH 实测数据一直稳定在 12.4，实际未检测到水下 pH 变化。当前实测值为Ⅰ级，混凝土中钢筋表面已经形成稳定的抗腐蚀钝化膜，钢筋未见腐蚀（图 5.38）。

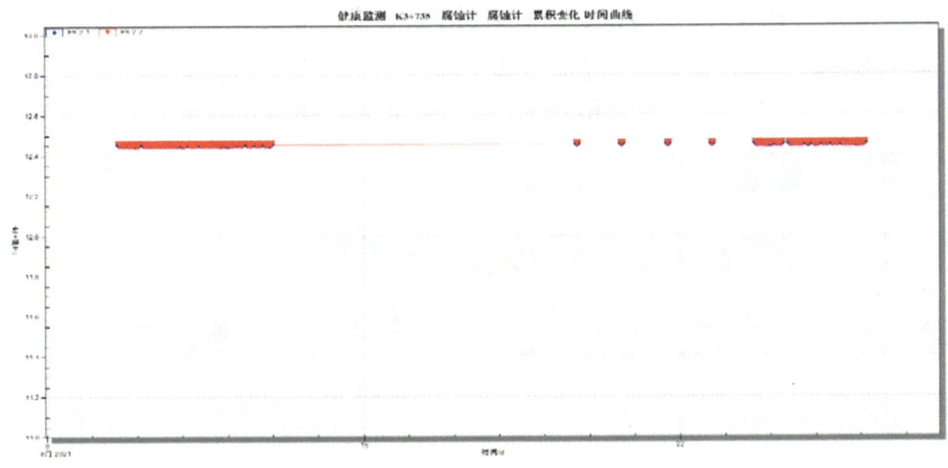

图 5.38 武汉大东湖深隧项目智慧平台深隧结构健康 pH 变化趋势分析

监测结果统计见表 5.5，所有监测指标均较小，各个指标均处于Ⅰ级安全范围内。

表 5.5 武汉大东湖深隧智慧平台深隧结构健康监测及评估结果

类型	监测指标	监测值	单位	安全级别
健康监测数据	钢筋计	−5～1.5	kN	Ⅰ级安全
	光纤混凝土应变	−30～20	με	Ⅰ级安全
	渗透计	−0.03～0.09	kPa	Ⅰ级安全
	腐蚀指标 pH	12.4	—	Ⅰ级安全

综合监测数据及其趋势判断，当前及今后一段时期内，监测断面结构受力和应变较小、结构未出现渗透现象、钢筋处于钝化状态，发生腐蚀的概率很小，污水运营参数对隧道结构安全影响较小，隧道处于Ⅰ级安全状态，隧道结构健康。

5.2.3　模型预测

基于在线水力模型，以二郎庙、落步嘴、武东 3 个预处理站进入深隧的实时水量与历史流量数据为输入边界条件，系统每 15 min 计算未来 24 h 内沿线节点流量过程线与各竖井液位过程线，并结合 GIS 进行图像化展示，由此实现未来 24 h 的水量模拟预测（图 5.39）。

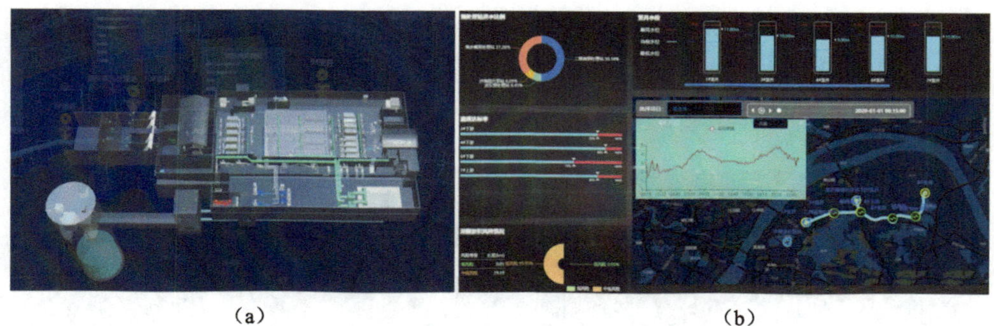

（a）　　　　　　　　　　（b）

图 5.39　武汉大东湖深隧项目智慧平台深隧淤积模拟预测

基于淤积模型，根据 SS 浓度、流速与模拟得到的淤积厚度 3 个指标，及其淤积风险权重对淤积风险进行模拟与评估（表 5.6）。

表 5.6　武汉大东湖深隧淤积风险权重

		淤积厚度/cm	流速/（m/s）	SS 浓度/（mg/L）
权重		α_1	α_2	α_3
风险等级（由低到高）	1	$<h_{s1}$	$>v_1$	$<c_{SS1}$
	2	$h_{s1}\sim h_{s2}$	$v_1\sim v_2$	$c_{SS1}\sim c_{SS2}$
	3	$h_{s2}\sim h_{s3}$	$v_2\sim v_3$	$c_{SS2}\sim c_{SS3}$
	4	$h_{s3}\sim h_{s4}$	$v_3\sim v_4$	$c_{SS3}\sim c_{SS4}$
	5	$>h_{s4}$	$<v_4$	$>c_{SS4}$

其中，h_s 为淤积厚度，cm；v 为流速，m/s；c_{SS} 为 SS 浓度，mg/L；α_1、α_2、α_3 分别为淤积厚度、流速、SS 对应的权重系数。

$$\alpha_1+\alpha_2+\alpha_3=1$$

最终风险等级计算公式如下：

$$R = \alpha_1 \times R_h + \alpha_2 \times R_v + \alpha_3 \times R_{SS}$$

式中，R 为最终风险等级；R_h 为基于淤积厚度的风险等级；R_v 为基于流速的风险等级；R_{SS} 为基于 SS 浓度的风险等级。

系统基于在线模型每 15 min 进行一次淤积风险的模拟计算，将计算得到的各管段风险等级渲染不同颜色，以绿色代表低风险，以红色代表高风险，结合 GIS 进行直观展示，使管理人员能够实时掌握各管段的淤积风险，并及时制定冲淤方案（图 5.40）。

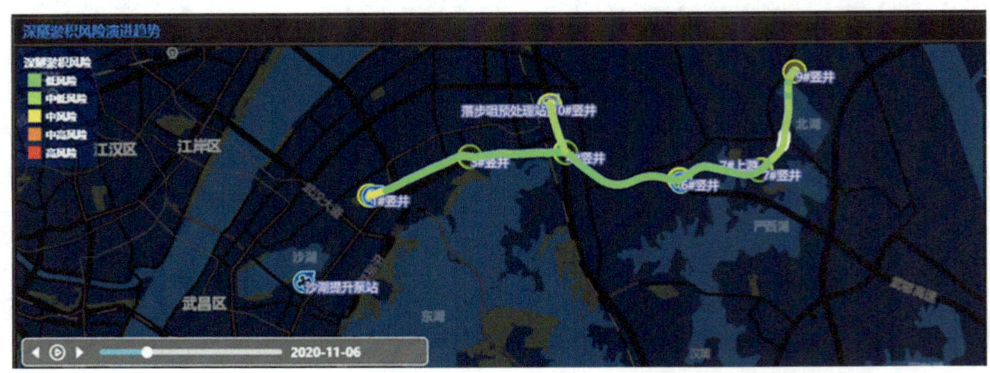

图 5.40　武汉大东湖深隧运行期间内部淤积风险示意图

系统投入运行至今，预测深隧淤积风险多为低风险，仅少数下游流速较低管段淤积风险为中低风险，暂不需要补水冲淤。因为目前处于深隧工程运行初期，且深隧运营管理严格按照计划执行，管道内淤积风险较低。

5.2.4　应急调度

根据系统实际运行中可能面临的各类应急情况，选取下游污水处理厂部分停水检修、上游部分区域夜间水量过小、上游降雨造成部分区域管网存在溢流风险 3 种应急调度场景进行系统模拟，当发生以上应急事件后可以快速响应，及时制定调度策略。

（1）下游污水处理厂部分停水检修

下游污水处理厂日处理能力为 80 万 t，当部分处理线停水检修时，污水处理厂日处理能力将大幅下降，在保证深隧满足设计运行条件下，上游预处理站进水需相应调整。在该情境下，设定系统“调度目标”调整 40 万 t，4 个预处理站均保持可调度状态，系统计算得到的调度方案如图 5.41（a）所示。

（2）上游部分区域夜间水量过小

当上游区域夜间污水流量降低，将造成该区域预处理站泵前液位过低，则该区域预处理站进水泵站需暂时关闭，通过调整其他预处理站提升水量来弥补该区域水量缺失，以保障下游污水处理厂进水稳定。在该情境下，设定系统“调度目标”为 80 万 t/d 作为全天调度目标，设定沙湖预处理站不可调度，且进水量设定为 0，系统计算得到的调度方案如图 5.41（b）所示。武汉大东湖深隧项目中，沙湖预处理站汇水面积为 16.9 km^2，而其他 3 个预处理站汇水面积为 113.45 km^2，上游管网保留充足的调蓄容积，实际可分担沙湖预处理站短时缺失的水量。

（3）上游降雨造成部分区域管网存在溢流风险

当上游区域降雨带来合流制污水激增，将造成该区域预处理站泵前液位过高，进一步导致上游管网水位过高，带来污水溢流的风险，因此需要该预处理站提升进水流量，并保持适当时间直至水位降低，为满足污水处理厂处理能力要求，其他预处理站进水量应相应调整。在该情境下，考虑深隧全程及污水处理厂前均无溢流条件，雨季如深隧转输污水量超过 80 万 t/d，污水处理厂无法容纳超量污水且无溢流通道，因此设定系统“调度目标”为 80 万 t/d，设定二郎庙预处理站不可调度，且进水量设定为 80 万 t/d，系统计算得到的调度方案如图 5.41（c）所示。

调度方案结果主要分为三部分：调度水量分配、24 h 调度流量指令、24 h 模拟过程线。其中，调度水量分配可查看系统为各预处理站分配的全天调度总水量；24 h 调度流量指令可查看各个预处理站未来 24 h 内每小时输水流量的建议调度方案，该小时流量作为调度指令可发送给预处理站管理人员，由管理人员调控 PLC 调整变频泵达到该目标流量；24 h 模拟过程线可模拟在执行该调度指令后深隧节点的水位与流量变化。

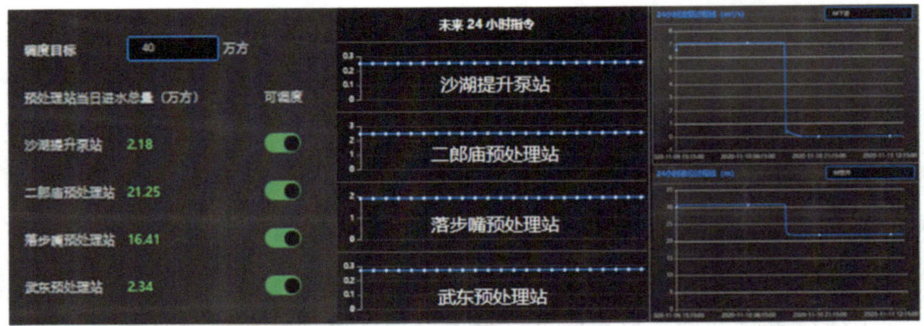

（a）检修情景

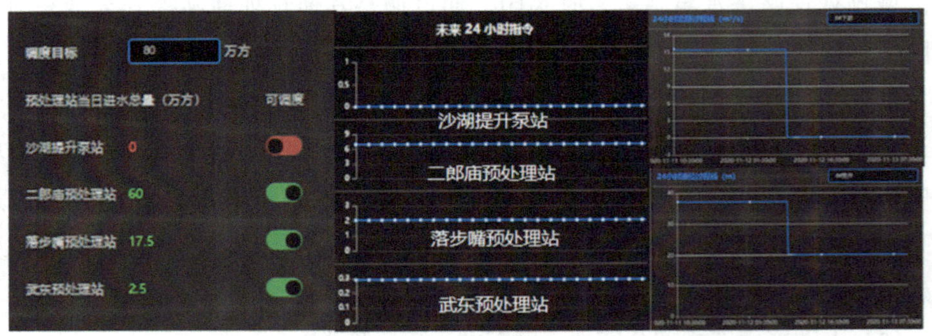

（b）夜间情景

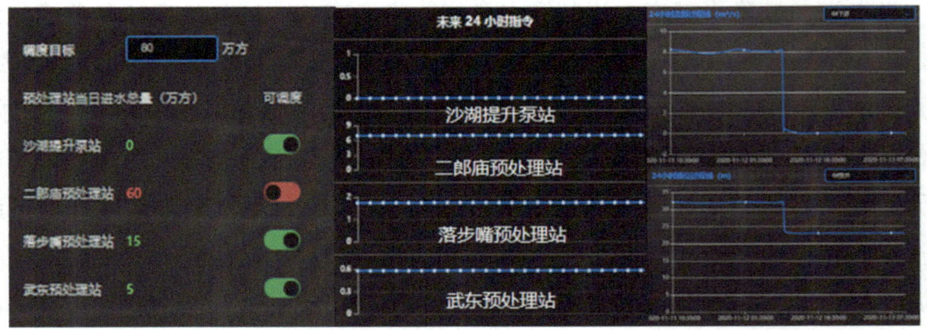

（c）降雨情景

图 5.41　武汉大东湖深隧项目智慧平台自动模拟生产应急调度方案

以情景“下游污水处理厂部分停水检修”为例，当下游北湖污水处理厂全体调度水量缩减至 40 万 t/d 后，系统将缩减的水量按各预处理站处理能力进行分配，从表 5.7 的结果中可以看到，沙湖服务人口最少，仅为 33.29 万人，其承担的水量也最少，为 2.18 万 t/d，相应的泵站调度方案的小时流量也最低，为 0.25 m^3/s；而二郎庙服务人口最多，为 81.79 万人，其提升泵站设计能力也最高，为 9.8 m^3/s，因此其承担的转输水量最多，为 21.25 万 t/d。24 h 模拟过程线以下游 $6^\#$井的流量与液位为例，其流量在经历 30 min 的进水后由 6.58 m^3/s 下降至 6.08 m^3/s，并保持在 6.08 m^3/s 直至 24 h 模拟结束后，液位同样由 30.03 m 上升至 30.65 m 并保持不变，24 h 模拟结束后系统默认所有泵站停止运行，深隧流量逐渐降为 0，深隧液位逐渐回落并保持不变。

从模拟结果来看，各预处理站水量均不超过预处理站设计上下限，且分配水量与各预处理站处理能力相匹配；调度方案的进水小时流量 24 h 保持稳定，且不超过设计流量上限，该稳定进水方式与深隧实际运行要求一致；由于 24 h 调度流量指令保持稳定，由此带来深隧流量与竖井液位也保持相对稳定。

表 5.7　武汉大东湖深隧智慧平台应急调度方案模拟结果

模拟情景 / 预处理站	下游污水处理厂部分停水检修［总水量（万 t/d）/秒流量（m^3/s）］	上游部分区域夜间水量过小［总水量（万 t/d）/秒流量（m^3/s）］	上游降雨造成部分区域管网存在溢流风险［总水量（万 t/d）/秒流量（m^3/s）］	设计水量上限［总水量（万 t/d）/秒流量（m^3/s）］
沙湖提升泵站	2.18/0.25	0	0	8.64/1.0
二郎庙预处理站	21.25/2.46	60/6.94	60/6.94	84.67/9.8
落步嘴预处理站	16.41/1.9	17.5/2.03	15/1.74	49.25/5.7
武东预处理站	2.34/0.27	2.5/0.29	5/0.58	20.74/2.4

综上所述，在系统发生检修、暴雨等应急情境下，智慧平台能够提供未来 24 h 的调度方案，该种调度模式能够适应可预见的系统变化，可根据全天进水量需求来指导小时流量的调整。

5.3　数字化运营成效

5.3.1　经济效益

武汉大东湖深隧项目作为中国大陆首个污水深隧项目，在行业内具有里程碑意义。通过搭建深隧智慧运营系统，不断积累和分析深隧系统运行数据，充分利用生产过程中的水质、流量、设备状态、季节变化等各种指标，作为决策依据，指导后续生产运营，提高生产效率。深隧日常生产可通过深隧智慧运营系统进行综合化、可视化、图形化的数据统计、对比和分析，指导实际运营管理工作，真正实现了无纸化办公，减少人力资源投入，进一步释放管理效能。通过模型预测淤积风险，同时构建防淤积运行模式，对淤积情况进行合理预判，提前进行冲水清淤，减少深隧系统淤积触发可能，保障深隧高效运行的同时，降低运维成本。利用无人机进行地面巡检，实现全自动化的人工替代，提高工作效率，降低运维成本。

5.3.2 社会效益及环境效益

大东湖深隧智慧运营系统利用先进的信息化技术，智慧收集、调度服务区域污水，统一传输送到下游污水处理厂进行集中处理，有效保护了城市中心湖泊和港渠，有利于水环境水质目标的实现及社会效益突出。同时结合规划的雨水深隧能够统筹解决区域污水处理、雨季溢流、雨水排涝等问题，是向构建大东湖生态水网迈出的重要一步，环境效益十分显著。

第6章 结语

6.1 运营管控特点

（1）中国大陆首个大埋深、大流量污水传输系统

武汉大东湖深隧项目为解决污水处理厂厂区升级、扩建需求与用地限制、配套排水管网不完善、缓解水处理、内涝防治压力及改善初雨难控制等问题，采用地表预处理系统集流和地下深隧（平均埋深 30～50 m）传输的污水处理方案。实现对市区污水处理分流，降低市区污水处理厂超负荷运行压力，极大改善城市生活环境，有效解决城区污水处理厂用地与周边格局矛盾，为城市发展预留了宝贵的地下浅层空间资源。

（2）工艺设计绿色先行、节能环保

项目在工艺方案选择、设备选型和操作管理方面都考虑采用绿色先进技术，实现了资源节约型、环境友好型社会的建设。一是污水深隧传输系统采用压力流方式运行，与重力流系统相比水力坡降较小，有效降低了污水处理厂内深遂泵站的水泵扬程，系统的能耗相对较低。二是新建的预处理站均采用花园式 + 全地下结构建设方案，各处理间均采用密闭现浇混凝土结构。三是预处理站内构筑物布置紧凑，减少了联络管渠的水头损失，站内水力计算力求准确，减少了进水泵和溢流泵的扬程。

（3）搭建智慧水务平台进行运营全方位管控

项目搭建了智慧水务平台系统，通过各污水处理设施内的数据采集模块，集成实时上传的现场生产、视频数据。以 GIS 信息地图为整体框架，3D 全景图形式展示具体深隧、各预处理厂站生产数据，实现了运营数据和资产状态的全面在线管控。智慧水务平台具体功能如下：

全维信息模块突出显示设备工况、流速流量液位、深隧结构健康、成本关联数据、场景调度方案、风险预警等信息。

绩效管理模块将业主确定的绩效考核方案要求融入项目日常运维管理，将考核指标、权重及要求进行分类集中管控。项目公司可定期开展绩效自评，查找问题并完成整改，保障完美履约。

资产管理模块建立了完备的项目资产清单，并进行动态管理。设备从到场安

装、日常保养到维修、重置，实现全生命周期记录。备品备件能够根据电子工单中物料消耗自动增减库存，保证库存合理。

生产管理模块能够让运营管理人员快速了解设备状态和工艺运行情况，并对生产工单进行在线闭环管理。针对深隧地表巡线需求，定制巡线线路及在线打卡功能。针对地下空间生产环境，监控硫化氢气体浓度，关联强制通风设施，保障员工职业健康。

应急管理模块主要针对入隧流量过大存在站点漫溢风险和流量过小引起的深隧淤积风险开展监控、预警和应急调度。雨季流量过大将引起竖井液位上升，当超过警戒水位时，可通过关闭站前速闭闸和启动溢流泵保障站点安全。流量过小或北湖污水处理厂减产，将造成深隧流速低于设计最低流速，产生局部淤积风险。通过深隧防淤积模型和竖井内置的监测设备可预测、识别深隧淤积分布情况。运维管理人员可通过模型模拟形成调度方案，合理调配各站点流量，提高局部流速，化解淤积风险或采用冲刷流速消除淤积。

人员管理模块主要通过绩效管理和培训管理来驱动项目运营水平不断提高。

数据管理模块为精细化运营和降本增效提供大数据支撑。生产报表自动生成功能减少了现场抄表、数据整理、逐级上报等工作。数字化运营更加高效、透明。

智慧运营平台还配置了移动 App 版，实现智慧平台功能移动应用，操作人员可以随时随地利用 App 进行项目操作和状态监控。

（4）自主开发城市深层污水隧道智能化实时健康监测系统

针对中国大陆首个污水深隧传输系统运营期间隧道结构安全监测与风险预警的难题，项目采用了新型光纤光栅传感技术。通过对典型隧道断面结构的应力、应变、渗压及腐蚀情况进行实时监测，并结合智能分析云平台，搭建污水隧道结构健康评价体系与风险预警模型，实现对运营期污水深隧结构安全的智能评价与预测预警。该系统将自动化健康监测技术与智能预警技术相结合，建立隧道全寿命期监测管理的数字化、信息化“档案”，有效掌控运营期隧道的结构使用状态及其发展演化趋势，并对隧道运营期出现的各类异常状况及时做出诊断。为工程维护、保养以及制定合理、主动、预防性的运营及防灾措施提供依据和技术支持，从而有效降低隧道运营风险，实现污水隧道科学有序的运营管理。

（5）自主构建城市排水深隧外源性破坏防范系统

为防止运营期间深隧上方地表施工对深隧结构造成损伤，开发了一套无人机巡线系统对深隧沿线进行巡查，及时发现并化解可能对深隧结构造成损伤的风险因素。城市排水深隧外源性破坏防范系统由硬件系统和软件系统两部分组成，硬件系统主要由无人机和起降辅助设施组成，负责对 17.5 km 的主隧和 1.7 km 的支隧沿设定航线自动进行定期摄像拍照；软件系统的主要功能为视频及图像处理，风险识别、风险评估、风险定位、风险点预警报告等。该系统具有自动化程度高、智能化程度深、信息实时处理、风险实时预警的特点。

6.2 运营业绩亮点

武汉大东湖深隧项目在工程建设阶段提前设立运营管理部，前置参与到设计方案优化、工艺设备选型、施工质量监督、设备单机、联机调试等工作中，确保项目功能切实满足运营期间绩效管理要求。竣工验收前半年，通过项目公司董事会明确运营期项目公司组织架构及设立生产管理部、设备管理部、安全环境部、合约法务部、财务部、综合办公室，并陆续开展团队组建。项目于 2020 年 12 月 31 日正式进入商业运营以来，取得以下运营业绩。

（1）生产运行稳定，各项指标高效达成

截至 2024 年 6 月，武汉大东湖深隧项目输送水量累计突破 7.5 亿 m^3，每日预处理和输送水量可达 60 万 t。自正式运营以来，政府对项目的运营绩效考核评分均在 90 分以上（绩效一档分数线为 80 分），完美履行了与业主的合同约定，充分体现了项目价值。

（2）落实安全责任制，实现全年零事故

项目安全生产工作以“零生产安全事故和安全责任事故”为目标导向，建立并完善了安全管理制度，严格落实了各项安全管理措施。项目公司内建立了各级安全生产责任制，各岗位安全操作规程上墙。项目公司内建立了以总经理为第一责任人的安全生产领导小组，领导全厂的安全生产和员工的职业健康安全工作，并逐级签订安全生产责任书，分工明确，责任落实。以生产人员为核心，建立了项目公司内的应急组织机构，负责现场各项应急预案的制定、人员培训、事故发生后的紧急处理和救援等工作。

项目自运营以来改善了安全生产环境，营造了良好的安全发展环境，确保了全年运营无生产安全事故发生。

（3）推行管理标准化、操作规范化，实现生产精细化管理

项目严格遵守国家相关法律法规、合同的要求，制定泵站、污水预处理站和深隧运行、维护及安全技术规程，制定保障本项目正常运行的泵站维护管理制度、生产管理制度、安全生产制度、深隧维护管理制度和安全运行应急预案等。持续优化泵站、污水预处理站和深隧管理水平，降低运行成本，提高运营质量。对项目设施进行良好的维护和保养，保证实现双方所签协议规定的各项考核指标，并达到国家和地方标准。

同时，制定预处理站和深隧的运营管理工作方案，以精干、高效为原则，采用先进适用的技术以及科学的经营管理方法，保证服务质量、提高经济效益和社会效益。通过试运行总结编制了《运行维护手册》，明确各类操作标准和设备维护标准 370 余项，保障运行人员规范操作设备，保障泵站、污水预处理站和深隧设施处于良好的运行状态。自正式运营以来，项目设备设施实时完好率均高于 95%，落步嘴、武东预处理站设备设施完好率长期处于 98%以上，为全年项目的正常运行和各项指标的高效达成提供了坚实的保障。

针对出水水质超标、水量突变、停电、泵站设备故障、深隧管道维护、洪涝灾害、火灾等突发事件，制定了紧急情况下的应急预案，并报相关部门审批备案后执行，并组织多次应急预案演练。在突发事件发生时，及时启动应急预案使影响降到最低，并尽快恢复生产。

（4）重视环境友好，实现项目周边居民全年零投诉

项目运行过程中采取了一系列措施，防治生产中造成二次污染问题，主要是废水、废气、噪声和固体废物 4 个方面。项目自运营以来采取了多种污染防治措施，技术方面作出了相应的改进，以最大限度地发挥工程的环境效益和社会效益。

项目生成的废水主要是各级格栅和除臭系统在运行中产生的，为防止废水外排造成二次污染，各站修建废水池以作储存，在循环回细格栅前再次处理，达标后排放。同时对预处理站构筑物及入流竖井产生的臭气进行治理，采用了生物除

臭法，将生产产生的臭气用除臭风机收集至生物除臭滤池系统，解决臭气排放问题，目前各厂区的除臭系统运行良好，除臭效果明显。

项目运行中以机械噪声、风机噪声为重点，配置消声装置。建立了噪声管理制度，减少人为的大声喧哗，增强了全体运营人员的防噪、防扰民意识，强化车辆管理，进出厂内禁止鸣笛，保证了厂区白天与夜间噪声均达标。

项目生产中产生的栅渣、沉砂、生活垃圾均由环卫公司统一拖运至生活垃圾填埋处，确保周围环境无污染，全年周边居民零投诉。

6.3 项目获奖情况

本项目作为中国大陆第一条正式建造并投入运营的长距离污水传输隧道，项目建设存在工程距离长、技术难点多、建设标准高、运营管控难等特点，因此得到社会广泛关注和高度认可，获得了较多荣誉奖章。以下为项目获奖情况：

（1）2018 年荣获中共洪山区委、洪山区人民政府颁发的“武汉市洪山区文明单位”称号。

（2）2019 年荣获湖北省建筑工程质量安全协会颁发的“湖北省建筑工程安全文明施工现场”称号。

（3）2019 年荣获中国建筑业协会建筑安全与机械分会颁发的“全国建设工程项目施工安全标准化工地”称号。

（4）2020 年荣获中共洪山区委、洪山区人民政府颁发的“武汉市洪山区文明单位”称号。

（5）2020 年荣获地下空间协会颁发的“全国首届地下空间创新大赛‘十大典范项目’”和“一种高能体切割土体开挖的技术获得全国首届地下空间创新大赛‘建造技术优秀奖’”2 个奖项。

（6）2020 年专家评审评定武汉大东湖深隧项目为《城市长距离大埋深小直径污水隧道建造设备及成套技术》科技成果鉴定达到整体国际先进、部分国际领先水平。

（7）2020 年荣获湖北省建设工程质量安全协会颁发的“湖北省建筑结构优质工程奖”。

（8）2021 年荣获武汉市委、市政府颁发的“武汉市文明单位”奖项。

（9）2021 年荣获武汉市团委颁发的“武汉市青年文明号”奖项。

（10）2022 年荣获武汉市环保产业协会颁发的“优秀环保项目典型案例（设施运营类）”金奖。

（11）2022 年获评 E20 水务行业优秀案例。

（12）荣获 2020—2023 年度第一批国家优质工程奖。

参考文献

[1] 王广华，陈彦，周建华，等．深层排水隧道技术的应用与发展趋势研究[J]．中国给水排水，2016，32（22）：1-6.

[2] 沈庞勇．关于建设城市雨水调蓄隧道几个问题的探讨[A]．中国土木工程学会隧道及地下工程分会排水专业委员会第十七届学会交流会[C]．2015：27-28，33.

[3] 鲁朝阳，车伍，唐磊，等．隧道在城市洪涝及合流制溢流控制中的应用[J]．中国给水排水，2013，29（24）：35-40.

[4] 中国测绘学会智慧城市工作委员会．智慧水务应用与发展[M]．北京：中国电力出版社，2021.